高等教育"十三五"规划教材

计算机辅助产品设计
SolidWorks 教程

池宁骏　编著

中国矿业大学出版社

内 容 提 要

本书从使用者的角度出发,通过对 20 个产品实例的讲解,深入浅出地介绍了 SolidWorks 在产品设计方面的主要功能及建模方法。其中,多数产品实例皆为产品设计历史中耳熟能详的大师作品,造型独特,具有很强的艺术美感,主要包括里特维尔德的红蓝椅,皮埃尔·里梭尼的比里洛肥皂盒,菲利普·斯塔克的牛角灯和柠檬榨汁器,马塞尔·布劳耶的瓦西里椅,艾洛·阿尼奥的天后喷壶,埃托·索特萨斯的金属水果篮,迈克尔·格雷夫斯的自鸣水壶,维纳尔·潘顿的潘顿椅,费迪南德·波尔舍的甲壳虫汽车等。帮助读者在学习、掌握计算机操作技能的同时,切实感受经典产品在造型比例和细节处理的"完美",感悟"经典"的内涵。

本书内容新颖实用,实例经典,可供机械工程、工业设计、产品设计等领域的技术人员以及大专院校师生、产品设计爱好者参阅,尤其适合具备一定 SolidWorks 基础操作的用户参阅。

图书在版编目(CIP)数据

计算机辅助产品设计 SolidWorks 教程/池宁骏编著.
—徐州:中国矿业大学出版社,2018.12
ISBN 978-7-5646-4083-5

Ⅰ.①计… Ⅱ.①池… Ⅲ.①计算机辅助设计—应用软件—教材 Ⅳ.①TP391.72

中国版本图书馆 CIP 数据核字(2018)第 184854 号

书　名	计算机辅助产品设计 SolidWorks 教程
编　著	池宁骏
责任编辑	徐　玮
出版发行	中国矿业大学出版社有限责任公司
	(江苏省徐州市解放南路　邮编 221008)
营销热线	(0516)83884103　83885105
出版服务	(0516)83995789　83884920
网　址	http://www.cumtp.com　E-mail:cumtpvip@cumtp.com
印　刷	江苏凤凰数码印务有限公司
开　本	787×1092　1/16　印张 14.75　字数 368 千字
版次印次	2018 年 12 月第 1 版　2018 年 12 月第 1 次印刷
定　价	36.00 元

前　言

　　SolidWorks 软件是一个基于 Windows 开发的三维 CAD 系统,包括零件建模、曲面建模、钣金设计、产品装配、数据转换、高级渲染、图形输出、特征识别等多个模块。因为与现代生产制造紧密相连,让许多初学者简单地理解为一款纯工科的 CAD 软件。实际上,Solid-Works 软件在产品造型的设计方面依然拥有强大的艺术表现力。通常提到产品造型设计,都会想到 3DMAX、Rhinoceros 犀牛,对于 SolidWorks 却很少提及。实际上,三个软件在造型表达上各有千秋,但在产品设计与开发的实际项目中,3DMAX、Rhinoceros 犀牛却相形见绌;其中 3DMAX 以网格或面片编辑作为造型基础,对精确度要求不高的有机造型更具实效;而 Rhinoceros 犀牛以 NURBS 曲面进行造型,灵活便捷,对产品的细节处理入木三分,但缺少参数驱动使其具备了艺术的多样性,却少了设计的精确和高效。如果设计只是"从无到有"的单一进程,那么 Rhinoceros 犀牛绝对经典。可是,实际的产品造型设计进程坎坷、反复,设计师需要不断的回到设计某个节点,甚至初始,修改、再否定、再修改……,最终实现产品的量产。如此"往复"在 Rhinoceros 犀牛中表现为一次次"从无到有"的试错叠加,像绘画一样沉浸在设计师的每次感性处理中不能自拔,进而也彻底失去了计算机辅助设计的价值——精确和高效。而 SolidWorks 软件强大的参数造型功能,让"试错"变为"纠错",其智能、多样的造型工具与快捷简便的渲染方式使设计师更加专注于产品的设计与开发:快速地按照设计思想绘制草图,合理高效地运用各种特征、曲线和曲面工具设计出各种千变万化的产品造型,不仅让过去重复枯燥的机械装配转化为具有视觉美感的造型艺术,更让灵活多变的艺术造型具备精确和高效的优势。

　　本书把 SolidWorks 软件引入产品造型设计领域,通过对 20 个产品实例的讲解,深入浅出地介绍了 SolidWorks 软件在产品设计方面的主要功能及建模方法。其中,多数产品实例皆为产品设计历史中耳熟能详的大师作品,造型独特,具有很强的艺术美感,主要包括里特维尔德的红蓝椅,皮埃尔·里梭尼的比里洛肥皂盒,菲利普·斯塔克的牛角灯和柠檬榨汁器,马塞尔·布劳耶的瓦西里椅,艾洛·阿尼奥的天后喷壶,埃托·索特萨斯的金属水果篮,迈克尔·格雷夫斯的自鸣水壶,维纳尔·潘顿的潘顿椅,费迪南德·波尔舍的甲壳虫汽车等。帮助读者在学习、掌握计算机操作技能的同时,切实感受经典产品在造型比例和细节处理的"完美",感悟"经典"的内涵。

　　此外,实例的选择遵循学习规律,从简至繁,并依次对应 SolidWorks 软件不同的特征、曲线和曲面等工具,让实例尽可能覆盖所有的造型工具,譬如菲利普·斯塔克的牛角灯主要涉及扫描工具的多样操作,而艾洛·阿尼奥的天后喷壶以放样工具为主,迈克尔·格雷夫斯的自鸣水壶则更多阐述"包覆"和"自由形"的应用。可以说每个实例都有各自操作的针对性,避免单一工具的简单、重复操作。

自 2001 年接触 SolidWorks 软件到现在,历经 17 年,笔者先后编写了多部有关基础操作的相关书籍,见证了 SolidWorks 软件的不断完善和强大,并受益匪浅,进而由衷地希望更多工程技术人员和产品设计者能使用它,并感受它带来的"非凡"体验。

池宁骏

2018 年 3 月 西安科技大学

目　录

1　SolidWorks 基础知识 …………………………………………………………………………… 1

2　红蓝椅制作 ……………………………………………………………………………………… 18

3　赫克塔灯制作 …………………………………………………………………………………… 32

4　榫卯结构制作 …………………………………………………………………………………… 40

5　比里洛肥皂盒制作 ……………………………………………………………………………… 47

6　蒜头容器制作 …………………………………………………………………………………… 52

7　手动榨汁器制作 ………………………………………………………………………………… 58

8　环形金属篮制作 ………………………………………………………………………………… 62

9　牛角灯制作 ……………………………………………………………………………………… 66

10　瓦西里椅制作 ………………………………………………………………………………… 73

11　柠檬榨汁器制作 ……………………………………………………………………………… 84

12　天后喷壶制作 ………………………………………………………………………………… 92

13　金属水果篮制作 ……………………………………………………………………………… 98

14　鼠标制作 ……………………………………………………………………………………… 104

15　蝴蝶动感果盘制作 …………………………………………………………………………… 114

16　Dalù 台灯制作 ………………………………………………………………………………… 119

17　便携式蓝牙扬声器制作 ··· 127

18　自鸣水壶制作 ··· 137

19　苹果手表制作 ··· 154

20　潘顿椅制作 ··· 177

21　甲壳虫汽车制作 ··· 187

参考文献 ··· 229

1　SolidWorks 基础知识

SolidWorks 是一套产品设计自动化软件,采用用户熟悉的 Microsoft Windows 图形界面。其用户界面清晰宜人,造型功能丰富多样,渲染方式快捷简便,使设计师更加专注于产品的设计与开发:快速地按照设计思想绘制草图,合理高效地运用各种特征、曲线和曲面工具设计出千变万化的产品造型,将过去重复枯燥的机械装配转化为具有视觉美感的造型艺术。总的来说,SolidWorks 的主旨就是:让设计师更加专注于设计,而非 CAD;设计更好的产品;满足用户不断扩展的需求和期望。

1.1　基本特性和功能

1.1.1　基本特性

(1) SolidWorks 模型由零件、装配体和工程图组成,并且三者具有联动功能,如图 1-1 所示。

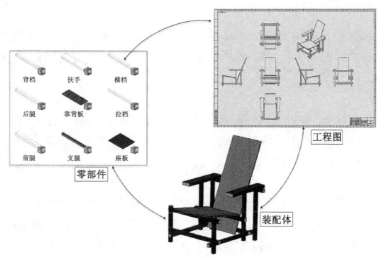

图 1-1　零件、装配体和工程图

(2) SolidWorks 使用三维设计方法。设计零件时,从初始草图开始,创建一个三维零件模型,并且用这个三维零件模型可建立二维工程图和三维装配体。

(3) SolidWorks 是一种尺寸驱动系统,可指定尺寸和各实体之间的关系,改变尺寸就能改变零件的尺寸和形状,并保留原有设计意图。

(4) SolidWorks 具有特征造型的功能。一般可用草图建立一个基本特征,然后附加上更多的特征,最终建立零件模型。在此过程中可通过对特征的增减、改变或调动来自由地重定义设计。

（5）SolidWorks 零件、装配体和工程图之间具有联动功能，保证一个视图上的改变将自动反映到其他视图，且可在设计过程中的任何时候产生工程图和装配体。

（6）SolidWorks 提供了特征管理（FeatureManager）设计树功能，可以使用户同时查看特征管理设计树和属性管理器（PropertyManager）。

（7）SolidWorks 具有灵活多样的帮助功能。

（8）SolidWorks 提供 Instant3D 功能，可以在图形区域中直接对产品的特征和草图进行修改、复制、尺寸定义等操作，让设计师更加专注于设计。

1.1.2 基本功能

1.1.2.1 易用性及对传统数据格式的支持

SolidWorks 完全采用了微软 Windows 的标准技术，如标准菜单、工具条、组件技术、结构化存取、内嵌 VB（VBA）以及拖放技术等。设计者在进行三维产品设计的过程中可自始至终享受 Windows 系统所带来的便捷与优势。

SolidWorks 完全支持 dwg/dxf 输入输出时的线型、线色、字体及图层，并所见即所得地输入尺寸，使用一个命令即可将所有尺寸变为 SolidWorks 的尺寸并驱动草图，而且可以任意修改尺寸公差和精度等。

SolidWorks 提供各种 3D 软件数据接口格式，可输入 Iges、Vdafs、Step、Parasolid、Sat、STL、MDT、UGII、Pro/E、SolidEdge、Inventor 等格式的零件和装配体文件，还可输出 VRML、TIFF、JPG 等文件格式。

1.1.2.2 草图

SolidWorks 基于几何关系建立的草图绘制方法，让草图的绘制变得快捷而简单。在 SolidWorks 中，用户可以使用方程式来生成样条曲线，还可以指定零和负值作为草图的尺寸。

1.1.2.3 特征

SolidWorks 以拉伸、旋转、放样、扫描等方式生成三维实体，并通过圆角、抽壳、倒角、变形、分割等操作对生成的实体进行加工。它模拟了现实的机械加工方式，使用户在设计制作零件、装配体或产品时，更加直观。

1.1.2.4 装配

SolidWorks 提供了完善的产品级的装配功能，以便创建和记录特定的装配体设计过程。同时，SolidWorks 还支持大型装配体模式，拥有干涉检查、产品的简单运动仿真、编辑零件装配体透明度等功能。在 SolidWorks 中，设计师无需先创建工程图便可以在装配体中创建材料明细表。

1.1.2.5 工程图

SolidWorks 可以允许二维工程图暂时与三维模型脱离关系，所有标注可以在没有三维模型的状态下添加，同时用户又可随时将二维工程图与三维模型同步，从而大大加速工程图的生成过程。

1.1.2.6 钣金

SolidWorks 具有强大的钣金设计功能：任意复杂的钣金成型特征均可在一拖一放中完成；钣金件的展开件也会自动生成，可以制作企业内部的钣金特征库、钣金零件库。

在 SolidWorks 中,钣金设计的方式与方法同零件设计完全一样,用户界面和环境也相同,而且还可以在装配环境下进行关联设计,自动添加与其他相关零部件的关联关系,修改其中一个钣金零件的尺寸,其他与之相关的钣金零件或其他零件会自动进行修改。

此外,SolidWorks 可以自动将零件转换成钣金,极大地简化了钣金的制作过程。

1.1.2.7 3D 草图

SolidWorks 提供了直接绘制三维草图的功能,在友好的用户界面下,像绘制线架图一样,可以在空间直接绘制草图,因而可以进行布线、管线及管道系统的设计。这一功能在主流实体造型软件中是独一无二的,而且是作为 SolidWorks 的内置功能。

1.1.2.8 曲面

曲面设计功能对三维实体造型系统尤为重要,SolidWorks 提供了众多的曲面创建和修改工具,而且是完全参数化的,设计者借助这些工具可快捷、方便地设计出具有任意复杂外形的产品。

1.1.2.9 渲染

SolidWorks 提供了产品的渲染功能,在 PhotoView 360 插件中包含有材质库、布景库和贴图库,用户可以在产品设计完成但还没有加工出来的情况下,生成产品的宣传图片,并输出 JPG、GIF、BMP、TIFF 等格式的图片文件。用户可以通过调整软件环境下的光源、背景和产品的材质,并在产品的一些面上进行贴图操作,来生成专业级的产品效果图。

1.2 用户界面

SolidWorks 提供了美观、使用灵活且操作人性化的窗口式界面。它不仅考虑了新手用户的使用需求,还兼顾了老用户的操作习惯,如图 1-2 所示。

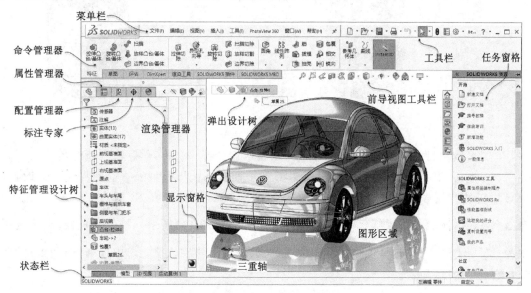

图 1-2 SolidWork 平台视图

对于新手用户,SolidWorks 在创建文件时提供了操作向导,在工具应用中提供了"快速提示帮助",在界面管理中提供了"命令管理器"。对于老用户,系统提供了不同的界面方案,可以根据自己的习惯自定义菜单、工具栏、命令、宏命令等;在工具应用中,可以使用快捷键和快捷菜单命令,以提高操作效率。

1.2.1　特征管理设计树

特征管理设计树位于 SolidWorks 窗口的左侧,提供了激活的零件、装配体或工程图的大纲视图,从而可以很方便地查看模型或装配体的构造情况,或者查看工程图中的不同图纸和视图。在特征管理设计树中可以完成以下操作:

(1) 以名称来选择模型中的项目。

● 在设计树中,左键单击选择项目,图形区域以蓝色显示被选形体。

● 按住〈Shift〉键,可以选取多个连续项目。

● 按住〈Ctrl〉键,可以选取非连续项目。

● 在面板空白区域按住并拖动指针进行框选择或交叉选择。

(2) 使用特征管理设计树顶部的"过滤器" ▽ 显示用户想观阅的项目,如输入"拉伸"关键词,系统将显示与"拉伸"有关的所有特征和项目。

(3) 显示关联工具栏,用户可以通过关联工具栏中的工具来编辑特征或草图。

(4) 确认和更改特征的生成顺序。用户可以在特征管理设计树中拖动项目来重新调整特征的生成顺序。操作方法为:将指针放在特征名称上,按住鼠标左键将其拖动到设计树中新的位置(上下拖动时,所经过的项目会高亮显示。当释放鼠标左键后,所拖动的特征放在高亮显示的特征之后)。进行上述操作时,鼠标指针显示为 ↵ 形状,表示重排特征顺序操作是可执行的;否则鼠标指针显示为 ⊘ 形状,如图 1-3 所示。

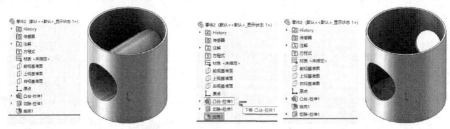

图 1-3　更改特征的生成顺序

(5) 更改项目的名称,在名称上缓慢单击两次以选择该名称,然后输入新的名称。

(6) 使用"退回控制棒"暂时将模型退回到早期状态。当模型处于退回控制状态时,可以增加新的特征或编辑已有的特征。操作方式为:移动鼠标指针到"退回控制棒"上,显示 🖐 图标时,拖动"退回控制棒"到"抽壳 1"项目前,如图 1-4 所示。接着,单击特征工具栏中的 ▣ (圆角)工具,选择实体的孔边线进行圆角操作,再在快捷菜单中选择"退回到尾"命令,操作如图 1-5 所示。

(7) 可以单击如图 1-6 所示的边框 ⫶ 图标隐藏特征管理设计树。

除了上述操作之外,特征管理设计树在使用时应该注意以下规则:

① 项目图标左边的 ⊞ 符号表示该项目包含关联项,如草图。单击 ⊞ 符号可以展开

图 1-4 退回到早期状态   图 1-5 增加新的特征

该项目并显示其内容。

② 草图前的符号代表不同的含义：（＋）表示过定义；（－）表示欠定义；（?）表示无法解出的草图；无前缀表示完全定义。

③ 如果所作更改要求重建模型，则特征、零件及装配体之前显示重建模型符号 ⬛。

1.2.2 属性管理器

属性管理器用于显示草图、特征、装配体等功能的相关信息和用户界面。当执行命令或在图形区域中选择各种实体时，属性管理器将出现在图形区域左侧窗格中，如图 1-7 所示。此时，如果要显示特征管理设计树，可以单击图形区域左上角的 ⬛🔧 "实体项目"显示弹出设计树。

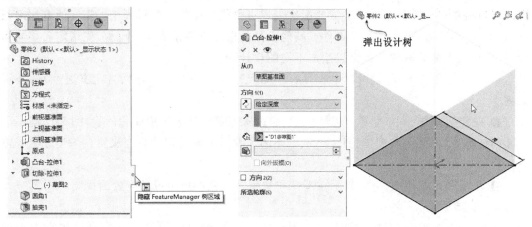

图 1-6 隐藏特征管理设计树   图 1-7 属性栏

此外，在 SolidWorks 中，属性管理器可以有不同定位，也可以浮动，操作为：

（1）在将属性管理器拖动到 SolidWorks 窗口上，系统显示定位图标（包括左上方定位为选项卡，在图形区域中左上方定位、左下方定位和右下方定位），如图 1-8 所示，移动指针到指定的定位图标确定定位方式。

图 1-8 定位方式

（2）系统允许用户拖动属性管理器至界面任意位置，呈浮动状态。

（3）双击浮动的属性管理器窗口中的标题栏以返回到上次定位的位置。

1.2.3　命令管理器

CommandManager（命令管理器）是一个上下文相关的工具栏，它可以根据用户要使用的工具栏进行动态更新。默认情况下，它根据文档类型嵌入相应的工具栏。单击位于 CommandManager 下面的选项卡时，它会进行更新，以显示相应工具栏。例如，单击"草图"选项卡，草图工具栏将出现，如图 1-9 所示。

图 1-9　草图命令管理器

使用命令管理器可以将工具栏按钮集中起来使用，从而为图形区域节省空间。如果用户对命令管理器的操作不适应，可以右击工具栏中的空白处，并在快捷菜单中取消"CommandManager"命令的选择。此外，对命令熟悉的用户，在使用命令管理器时可以取消选择"使用带有文本的大按钮"命令。

1.2.4　配置管理器

（配置管理器）用来生成、选择和查看一个文件中零件和装配体多个配置的工具。配置可以在单一的文件中对零件或装配体生成多个设计变化。配置提供了简便的方法来开发与管理一组有着不同尺寸、零部件或其他参数的模型。要生成一个配置，先指定名称与属性，然后再根据需要来修改模型以生成不同的设计变化：

● 在零件文件中，配置可以生成具有不同尺寸、特征和属性（包括自定义属性）的零件系列。

● 在装配体文件中，配置可以生成：①通过压缩零部件来生成简化的设计；②使用不同的零部件配置、不同的装配体特征参数、不同的尺寸或配置特定的自定义属性来生成装配体系列。

● 在工程图文档中，可以显示在零件和装配体文档中所生成的配置的视图。

1.2.5　显示窗格

在显示窗格中，可以查看零件和工程图文档的各种显示设置。单击设计树右上角的

"展开"图标可以展开显示窗格，显示包含了"隐藏/显示"、"显示样式"、"外观"和"透明度"四种形式，如图 1-10 所示。

1.2.6　任务窗格

打开 SolidWorks 软件时，将会出现任务窗格，它包含 （SolidWorks 资源）、 （设计库）、 （文件探索器）、 （查看调色板）、 （外观、布景和贴图）、 （自定义属性）和 （SolidWorks 论坛）7 个标签。如果想要隐藏任务窗格，可以右击工具栏，然后在快捷菜单中取消"任务窗格"命令的选择。

其中， （SolidWorks 资源）为新手用户提供方便快捷的帮助以及在线资源，此外还提供了机械设计、模具设计、消费产品设计的指导教程。

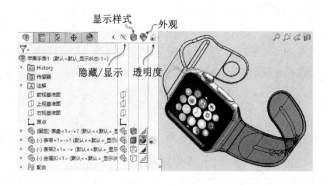

图 1-10　显示窗格

　　（设计库）为用户提供各种规格的系列零部件、装配体、成型工具、特征等,用户可以直接使用设计库来完成操作。

　　（文件探索器）以 Windows 资源管理器的方式显示文件目录。在"SolidWorks 中打开"目录下列出了在 SolidWorks 中同时打开的文件,通过双击它们可以在图形区域中进行文件的切换。

　　（查看调色板）在工程图绘制时使用。你可以通过单击 ... "浏览"按钮在目录中选择零件或装配体,系统将会在预览显示框中显示模型的标准视图、注解视图、剖面视图和平板型式(钣金零件)的图像。此时,你可将任何视图拖动到工程图纸以生成工程视图。

　　（外观、布景和贴图）只有装入 PhotoView 360 插件后显示包含"布景""布景""贴图"3 个项目。在操作时,可以通过拖拽和双击的方式为模型进行场景的布局。装入插件的操作为:单击菜单栏中的"工具"→"插件"命令,在插件选项框中选择 PhotoView 360 选项。

1.2.7　状态栏

　　SolidWorks 窗口底部的状态栏提供与执行的功能有关的信息。状态栏中提供的典型信息有:

　　● 在鼠标指针移到一工具上或单击一菜单项目时的简要说明。

　　● 在绘制草图时,状态栏显示草图状态(如完全定义)和指针坐标数值。

　　● 如果对要求重建零件的草图或零件进行更改,状态栏显示 （重建模型)图标。

　　● 为所选实体进行测量,如边线长度。

　　● 显示零件或装配体编辑的状态。

　　● 如果指定系统的"协作选项"来检查文件状态,当系统检测到共享文件有更改时,图形区域右下侧的工具提示将会指向状态栏上的 图标。单击此图标可访问"重装"对话框。

　　● 当在装配体快捷菜单中选择"暂停自动重建模型"命令后,状态栏显示信息:正在编辑:装配体(重建模型暂停)。

　　● "显示/隐藏标签对话"可将关键词语添加到特征和零件中,有助于用户使用特征管理设计树中的"过滤器" 进行搜索。

1.2.8 菜单、工具栏与关联工具栏

1.2.8.1 菜单

菜单几乎包括所有 SolidWorks 命令。通常状态，系统仅在界面上端显示菜单栏（包括标准工具栏）。移动鼠标到 SolidWorks 徽标上或单击它时，菜单可见。常用的菜单栏有"文件"、"编辑"、"视图"、"插入"、"工具"和"窗口"。单击菜单栏右侧的"固定" ✈ 按钮可以固定菜单，使其始终可见。

除了上述的菜单栏外，还有"帮助"菜单栏，以及各项插件菜单栏。你可单击菜单栏中的"工具"→"插件"命令，选择插件，来显示插件菜单栏。

此外，用户还可以根据需要改变菜单栏中的命令，或增，或减。操作为：单击要修改的菜单栏，如"视图"栏，在菜单栏中选择"自定义菜单"命令，出现如图 1-11 所示的状态，取消选择"全屏"命令。

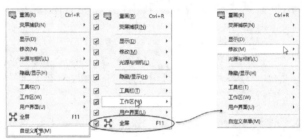

图 1-11 定义菜单栏的命令

1.2.8.2 工具栏

用户可以通过以下两种方式显示其他工具栏：

（1）右击界面中的工具栏，然后在快捷菜单中选择要显示的工具栏。

（2）单击菜单栏中的"工具"→"自定义"命令，在"工具栏"标签下勾选工具栏名称前的复选框。

此外，还可以对工具栏中的命令进行定义，方法为：

（1）单击菜单栏中的"工具"→"自定义"命令，在"命令"选项卡下选择类别，如"草图"选项。

（2）在右侧的"按钮"列表框中选择命令按钮，如 🖼 （草图图片），将其拖拽到草图工具栏中，即可为草图工具栏增加命令，如图 1-12 所示。如果想删除工具栏中的命令图标，只需在"自定义"对话框显示的状态下，将命令图标拖拽出工具栏即可。

1.2.8.3 关联工具栏

当用户在图形区域中或在特征管理设计树中选取项目时，关联工具栏出现并提供与此前操作相关联的命令工具，如图 1-13 所示。此外，用户可以通过下面操作关闭关联工具栏：

（1）打开零件、工程图或装配体文件。

（2）单击菜单栏中的"工具"→"自定义"命令。系统显示自定义浮动栏，单击"工具栏"选项卡，取消"在选取内容显示"和"在快捷键菜单中显示"两复选钮的选择。

1.2.9 图形区域

图形区域是 SolidWorks 软件绘制草图、特征、装配体的操作区域，除了操作区域之外，还包含了原点、参考三重轴、视图定向"方向"栏和前导视图工具栏。

图 1-12　为工具栏增加命令

图 1-13　关联工具栏

（1）模型原点显示为蓝色，代表模型的(0,0,0)坐标。当草图为激活状态时，草图原点显示为红色，代表草图的(0,0,0)坐标。尺寸和几何关系可以添加到模型原点，但不能添加到草图原点。单击菜单栏中的"视图"→"原点"命令可以隐藏或显示原点；也可以在特征管理设计树中选择"原点"项目，在关联菜单中选择 "隐藏原点"或 "显示原点"命令完成操作。

（2）在零件或装配体中，参考三重轴出现图形区域的左下角。通过参考三重轴，用户可以通过表 1-1 的操作方式来改变视图显示。

表 1-1　　　　　　　　　　　　　改变视图显示

操　作	状　态
选择参考三重轴的一个轴	显示与轴垂直的正视图
选择与屏幕垂直的轴	将视图方向旋转 180°
Shift＋选择	绕轴旋转 90°
Shift＋Ctrl＋选择	反方向旋转 90°
Ait＋选择	绕轴旋转"指定"的角度（单击"工具"→"选项"→"系统选项"→"视图"项目，在"视图旋转"栏中指定角度）
Ait＋Ctrl＋选择	反向旋转"指定"的角度

单击"工具"→"选项"→"系统选项"→"显示/选择"命令,并在右侧的项目栏中取消"显示参考三重轴"复选钮的选择,可以隐藏参考三重轴。

(3) 在图形区域中,右击,选择快捷菜单中的"视图定向"命令,或按下〈空格〉键可以显示视图定向"方向"栏,如图 1-14 所示。单击 （新视图）可以将当前视图状态确定为新的视图,如图 1-15 所示。

图 1-14　视图定向方向栏　　　　　　　图 1-15　新视图

(4) 前导视图工具栏提供了各种视图显示和状态工具,如图 1-16 所示。其中,用户可以在 （视图定向）的快捷栏中单击 （四视图）工具显示多个视口,如图 1-17 所示,此时用户可以更加直观地查看模型,更加灵活地设置灯光和摄像机。

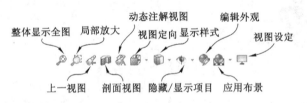

图 1-16　前导视图工具栏

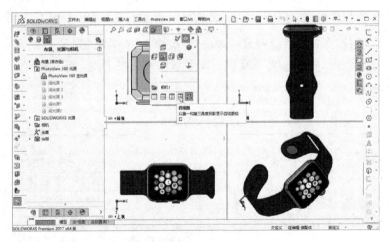

图 1-17　四视图

1.3 选项

在 SolidWorks 选项栏中，包括"系统选项"和"文件属性"两个选项卡。每个选项卡上所列举的选项以树格式显示在对话框的左侧。用户单击其中选项时，系统相应地在对话框的右侧显示项目的参数和设置。访问"选项"对话框的方法有：

（1）单击菜单栏工具栏上的 ⚙ （选项），或单击"工具"→"选项"。选项对话框出现，"系统选项"标签处于激活状态。

（2）右击特征管理设计树的空白处，在快捷菜单中选择"文件属性"命令。选项对话框出现，"文件属性"标签处于激活状态。

（3）单击草图工具栏上的 ⊞（网格线/捕捉）工具。选项对话框出现，文件属性标签的"网格线/捕捉"项目为激活状态。

下面的实例将通过"选项"设置提高图像品质。

单击菜单栏中的"工具"→"选项"命令，在显示的对话框中，单击"文件属性"标签，接着，在"文件属性"栏中选择"图像品质"，如图 1-18 所示。选择"上色和草图品质 HLR/HLV 分辨率"的参数滑快，将其向"高（较慢）"一端滑动，单击"确定"按钮完成修改，结果如图 1-19 所示。注意：提高图像品质，将要占用更多的内存。所以在草图绘制、特征生成、零部件装配操作时，可以使用较低的图像品质，让操作更为快捷；而在渲染图形或图形输出时，可以相应地提高图像品质，以获得最佳的图片品质。

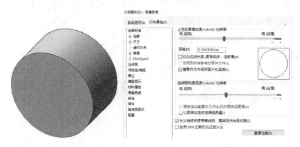

图 1-18 "文件属性"栏

图 1-19 高图像品质实体

1.4 基础知识

1.4.1 选择形体

▷（选择）工具是 SolidWorks 软件中用途最广的工具。在 SolidWorks 中有三种简单的选择方式：一为点击选择；二为框选取（将指针从左到右拖动，完全位于框内的项目被选择）或索套选取；三为交叉选取（将指针从右到左拖动，除了框内项外，穿越框边界的项目将被选定）。

使用 ▷（选择）工具可以进行如下操作：

（1）选择草图图形元素。

（2）拖动草图图形元素或端点以改变草图形状。

（3）选择模型的点、边线或面。

（4）拖动选择框以选择多个草图实体。

（5）在草图实体中，选择线段，右击，在快捷菜单中选择"选择链"命令可以完成整个封闭形体的选择；选择"选择中点"命令可以确定草图线段或实体边线的中点，如图 1-20 所示。

（6）在实体特征中，右键单击相切组中的曲线、边线或面，并在快捷菜单中选择"选择相切"命令，即可选择一组相切的形体，如图 1-21 所示。

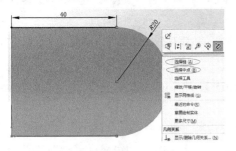
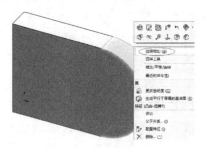

图 1-20　选择链和选择中点　　　　　　图 1-21　选择相切曲面

（7）通过透明度选择。此功能主要应用在装配体的选择上，可以透过外部的透明零件，而选择内部零件的点、线、面。当将指针移动到透明几何体后面的几何体上时，不透明的面、边线及顶点会高亮显示。此时，单击鼠标左键选择高亮显示的几何体，并横向拖拽，如图 1-22 所示。

图 1-22　通过透明度选择

（8）使用如图 1-23 所示的选择过滤器，可以帮助用户减少选择对象的范围，如单击 （过滤尺寸/孔标注）工具，然后框选如图 1-24 所示的草图形体，此时仅有草图形体中的尺寸被选择。 （逆转选择）工具提供了反选的功能，即选择当前没有被选择的形体（包括点、线、面、体），而取消原有被选择的形体。图 1-25 显示了 （逆转选择）工具的操作情形。首先单击选择过滤器工具栏中的 （过滤顶点）工具，并在图形区域直接选择实体的一个点，接着单击 （逆转选择）工具选择其他顶点。

1.4.2　草图状态

在 SolidWorks 系统中，提供了 6 种草图状态，即完全定义、欠定义、过定义、悬空、无解和无效。

1.4.2.1　完全定义

完全定义显示为黑色，表示完整而正确地描述尺寸和几何关系。如图 1-26 所示，图形

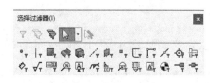

图 1-23 选择过滤器

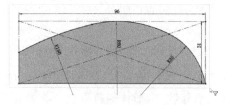

图 1-24 选择草图尺寸

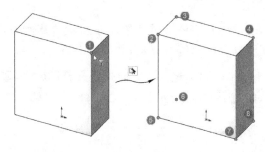

图 1-25 逆转选择点

除了直线①和圆弧 ④的尺寸外，还具有多个几何关系，其关系如下：

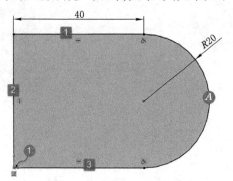

图 1-26 完全定义的草图

● 点①与草图原点的 人 "重合"关系；

● 直线①、③的 ━ "水平"关系；直线②的 ┃ "竖直"关系；

● 直线①与圆弧 ④的 ♂ "相切"关系；

● 直线③与圆弧 ④的 ♂ "相切"关系。

在 SolidWorks 中，每当选择一个实体，系统就会在属性管理器中显示"现有几何关系"，并在图形区域中显示绿色标记，以表示被选实体所带有的几何关系。用户可以在图形区域直接选择绿色，按〈Delete〉键将几何关系删除。

对于老用户，可以单击菜单栏中的"视图"→"隐藏/显示"→"草图几何关系"命令隐藏图形区域中的绿色标记，让视图界面更加清爽、整洁。

注意：草图完全定义后就不能被移动或拆解，用户只有通过修改尺寸和几何关系，才能改变草图的形体。例如，修改直线①的尺寸为 30 mm，形体在保持相互几何关系的情形下，

改变直线 ①、③ 的长度。

1.4.2.2 欠定义

欠定义显示为蓝色,表示尺寸和几何关系未完全定义。如图 1-27 所示,在图形区域中选择点①的 "重合"几何关系,按下〈Delete〉键将其删除,此时,草图处于欠定义状态,可以被任意移动,但形体保持原状。在特征管理设计树中,欠定义的草图名称前将有一个(一)标记。

1.4.2.3 过定义

过定义显示为红色,表示此几何体被过多的尺寸和(或)几何关系约束。若草图处于过定义状态,一般情况下系统都会给出警告提示,如图 1-28 所示。在特征管理设计树中,过定义的草图名称前将有一个 ⚠ (+)标记。要解除过定义,可以根据警告提示单击状态栏,在属性栏中进行诊断操作,如图 1-28(a)所示。

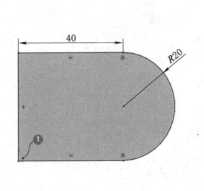

(a)   (b)

图 1-27　欠定义   图 1-28　过定义草图

1.4.2.4 悬空

悬空显示为褐色,表示草图或特征处于悬空状态。如图 1-29 操作所示:

(1) 在"基准面 1"上绘制草图 2,其中,圆②与"草图 1"圆弧①有 ⭕ "全等"关系。

(2) 编辑"草图 1",将形体修改成正方形。

(3) 退出"草图 1"编辑,系统提示"草图 2"出错;进到"草图 2"编辑可以看到圆②形体呈褐色,表示"悬空"。

产生上述"悬空"状态的原因为:"草图 1"修改后失去了圆弧①,造成"草图 2"圆②的 ⭕ "全等"关系丢失关联对象。最直接的解决方法为:删除圆②的 ⭕ "全等"关系。

1.4.2.5 无解

显示为红色,主要针对几何关系和尺寸显示,表示无法决定的一个或多个草图实体位置的几何关系和尺寸。如图 1-30(a)所示,整个图形处于完全定义状态。双击圆 1 和圆 2 的距离尺寸 12.5 mm,修改为 25 mm。此时,尺寸以红色显示,表示无解。

1.4.2.6 无效

无效显示为黄色,表示无解草图实体。如图 1-30(b)所示,无解尺寸出现时,系统将通过黄色显示其关联的所有无效草图实体。

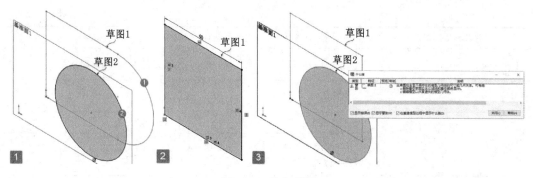

图 1-29 悬空草图

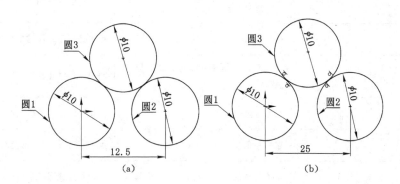

图 1-30 无解与无效状态

1.4.3 几何关系

1.4.3.1 添加几何关系

在 SolidWorks 中,"几何关系"是所有造型方式的基础,也是此软件最大的特色和优势。掌握"几何关系"的添加方法和使用技巧,对造型的生成和修改具有重要的意义。毫不夸地说, ⊥（添加几何关系）在 SolidWorks 的作用甚至高于"尺寸"的使用,它让许多图形绘制变得更加简练和快捷。正因为这样,在绘制草图时应该遵循"先添加几何关系,后标注尺寸"的原则。当设计者真正解析了"几何关系"在造型中的作用时,就能体会到它带给设计的巨大变化,从而实现产品造型的"高效和精确",这是其他造型软件（如 3DMAX、Rhinoceros 犀牛)无法比拟的。

⊥（添加几何关系）需要在绘制或编辑草图状态下完成,可以为单个或多个草图形体添加"几何关系",也可以为草图实体和实体边线、面、顶点、原点、基准面、轴等之间添加"几何关系"。

在 SolidWorks 中,草图形体之间的几何关系如表 1-2 所列。

表 1-2 几何关系列表

添加几何关系	选择（按住〈Ctrl〉键或框选）	结果
━水平 ▮竖直	一条或多条直线,或两个或多个点	直线会变成水平或竖直（以直线的起点为基准,保持原有线段的长度),而几个点会水平或竖直对齐
⁄共线	两条或多条直线	直线位于同一条无限长的直线上

添加几何关系	选择（按住〈Ctrl〉键或框选）	结果
⊙ 全等	两个或多个圆弧	圆弧会共用相同的圆心和半径
⊥ 垂直	两条直线	两条直线相互垂直
⫽ 平行	两条或多条直线	直线相互平行
	3D 草图中一条直线和一基准面（或平面）	直线平行于所选基准面
♂ 相切	一个圆弧、椭圆、圆锥或样条曲线，与一直线或圆弧	两个项目保持相切
╱ 中点	一个点和一条直线	点保持位于线段的中点处
◎ 同心	两个或多个圆弧，或一个点和一个圆弧	圆和（或）圆弧共用相同的圆心
✕ 交叉点	两条直线和一个点	点保持位于两条直线的交叉点处
人 重合	点和一条直线、圆弧或椭圆	点位于直线、圆弧或椭圆上
＝ 相等	两条或多条直线，或两个或多个圆弧	直线长度或圆弧半径保持相等
☒ 对称	一条中心线和两个点、直线、圆弧或椭圆	项目会保持到中心线等距离，并位于与中心线垂直的一条直线上
⚓ 固定	任何项目	实体的大小和位置被固定。然而，固定线（包括直线、圆弧或椭圆）的端点可以自由移动。如果想让它们完全固定，就必须选择它们的端点，添加"固定"几何关系
👌 穿透	一个草图点和一个基准轴、边线、直线或样条曲线	草图点与基准轴、边线或曲线在草图基准面上穿透的位置重合。"穿透"几何关系多用于引导线放样和扫描中
∨ 合并点	两个草图点或端点	两个点合并成一个点
⌒ 曲线长度相等	任意两条或两条以上的样条曲线、弧线、直线	所选线段的长度相等
⫽YZ 平行 YZ	3D 草图中一条直线和一基准面（或平面）	直线相对于所选基准面与 YZ 基准面平行
🔲ZX 平行 ZX	3D 草图中一条直线和一基准面（或平面）	直线相对于所选基准面与 ZX 基准面平行

添加几何关系	选择(按住〈Ctrl〉键或框选)	结果
⚒ ⚒ ⚒ 沿 XYZ	3D 草图中一条直线和一基准面(或平面)	直线与所选基准面的面正交(整体轴的几何关系称为沿 X、沿 Y 和沿 Z,基准面的当地几何关系称为水平、竖直和正交)
▣ 在平面上	3D 草图中任意线段(包括曲线、圆弧等)和一基准面(或平面),或点和一基准面(或平面)	所选线段(或点)重合在平面上

注意:在为直线添加几何关系时,几何关系是相对于无限长的直线,而不是相对于草图线段或实际边线。同样,当生成圆弧或椭圆的几何关系时,几何关系是对于整个圆或椭圆。

1.4.3.2 显示/删除几何关系

显示或删除几何关系的方法有如下两种:

(1)用鼠标左键单击要被删除几何关系的对象,它可以是单个草图元素,也可以是两个草图元素。选择两个元素时要按住〈Ctrl〉键。此时,在属性管理器的"现有几何关系"列表框中将列出该对象的所有几何关系。在列表中选择一个几何关系,按下〈Delete〉键,或者直接在图形区域选择形体的几何关系标记,将其删除。

(2)单击尺寸/几何关系工具栏中的 ⤵ (显示/删除几何关系)工具,在属性管理器的"几何关系"列表框中将默认列举出所有草图的全部几何关系。选择其中一项,将其删除,如图 1-31 所示。

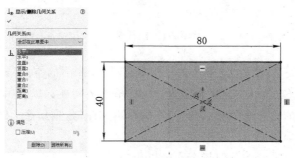

图 1-31 显示/删除几何关系

2 红蓝椅制作

红蓝椅是风格派最著名的代表作品之一,它是家具设计师里特维尔德受《风格》杂志影响而设计的。红蓝椅于 1917~1918 年设计,当时没有着色,着色的版本直到 1923 年才第一次展现于世人面前,详见图 2-1。

图 2-1 红蓝椅

这把椅子整体都是木结构,15 根木条互相垂直,组成椅子的空间结构,各结构间用螺丝紧固而非传统的榫接方式,以防有损于结构。这把椅子最初被涂以灰黑色。后来,里特维尔德通过使用单纯明亮的色彩来强化结构,使其完全不加掩饰,重新涂上原色。这样就产生了红色的靠背和蓝色的坐垫。

这款红蓝椅具有激进的纯几何形态和难以想象的形式。在形式上,是画家蒙德里安作品《红黄蓝相间》的立体化翻译。

2.1 制作零部件

红蓝椅由 15 根截面为正方形的木条互相垂直构成,其中每个交错伸出的端头长度正好是木条截面的边长尺寸。所以,在定义红蓝椅木条尺寸时,将以截面的边长为模数建立每根木条的长度尺寸。本章的重点是在标注尺寸时建立简单的方程式。

(1) 单击标准工具栏中的 (新建)工具,在弹出的"新建 SolidWorks 文件"浮动框中选择 "零件"选项,单击"确定"按钮。

（2）在特征管理设计树中选择"右视基准面"，单击草图工具栏中的▢（绘制草图）工具进入草图1的绘制，单击▣（中心矩形）工具，移动鼠标指针╬▢至图形区域中的草图原点 ⬆ ，单击鼠标左键确定矩形的中心，接着，移动鼠标指针显示矩形图形，再次单击鼠标左键完成矩形绘制。

（3）按下键盘〈Esc〉键结束矩形的绘制。

（4）按下键盘〈Ctrl〉键，在图形区域中选择矩形的上端水平边线和竖直边线，此时，系统将在选择区域的右上角弹出"关联工具栏"。移动鼠标指针在"关联工具栏"中选择 ＝（使相等）工具。同等操作也可以在左侧的属性管理器中的"添加几何关系"栏选择 ＝（使相等）工具。

（5）单击草图工具栏中的 ✎（智能尺寸）工具，选择矩形的竖直边线，给定尺寸为34 mm，单击 ✔ "确定"按钮完成正方形的绘制，如图2-2所示。

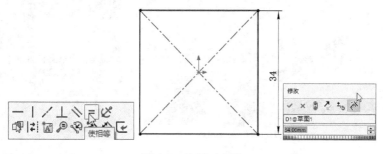

图2-2　绘制正方形

（6）单击特征工具栏中的 🔲（拉伸凸台/基体）工具，选择终止条件为"两侧对称"，单击 🔧 深度输入框，先输入"＝"符号，接着在图形区域选择尺寸34 mm作为定量，然后继续输入"＊23"，单击输入框右侧的 ✔ "确定"按钮建立深度的方程式"∑＝"D1@草图1"＊23"，其表示为"深度＝正方形边长乘以23"。单击属性管理器上端的 ✔ "确定"生成凸台-拉伸1，如图2-3所示。

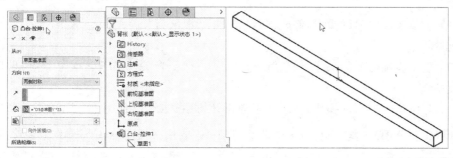

图2-3　凸台-拉伸1

（7）接下来的操作主要为"凸台-拉伸1"实体添加外观材质。单击管理器栏上端的 🔵 "渲染管理器"标签，双击外观管理栏的 🔵 颜色 选项，接着在图形区域右侧的"外观、布景和贴图"任务窗口中依次选择"外观"→"油漆"→"喷射"→"黑色喷漆",如图 2-4 所示。单击 ✓ "确定"完成实体的整体着色。

(8) 按住〈Ctrl〉键在图形区域中选择"凸台-拉伸 1"的两个端面,注意:按住鼠标中键旋转视图进行选择;接着,单击图形区域右侧的 🌑 "外观、布景和贴图"标签显示任务窗口,依次选择"外观"→"油漆"→"喷射"→"红色喷漆"。单击 ✓ "确定"完成端面的着色。

(9) 修改步骤(8)的颜色。双击外观管理栏的 🔴 红色喷漆 选项,显示选项属性栏如图 2-5 所示。单击 🖊 "主要颜色"选项框,弹出"颜色"浮动栏,选择中黄色(R:255,G:255,B:0)。单击 ✓ "确定"完成端面的颜色的修改。单击标准工具栏中的 💾 (保存)工具,取名为"背档"。接着,单击 💾 (另保存)工具,取名为"拉档"。

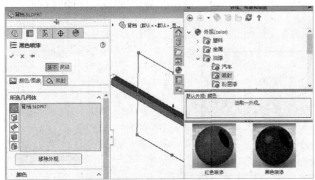
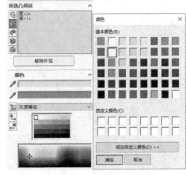

图 2-4　设置外观　　　　　　　　　　图 2-5　修改颜色

(10) 修改上述零件参数生成新的零件。在特征管理设计树中选择"凸台-拉伸 1",单击关联工具栏中的 🔧 (编辑特征)工具,在属性栏中修改拉伸深度为"∑="D1@草图 1" * 21",单击 ✓ "确定"完成特征编辑。单击标准工具栏中的 💾 (另保存)工具,取名为"横档"。

(11) 重复步骤(10)的操作,修改"凸台-拉伸 1"深度为"∑="D1@草图 1" * 16.5"。取名为"后腿"。

(12) 重复步骤(10)的操作,修改"凸台-拉伸 1"深度为"∑="D1@草图 1" * 11.5"。取名为"前腿"。

(13) 重复步骤(10)的操作,修改"凸台-拉伸 1"深度为"∑="D1@草图 1" * 15.5"。取名为"支腿"。

(14) 延续步骤(13)的操作,在特征管理设计树中选择"凸台-拉伸 1",单击关联工具栏中的 ✏️ (编辑草图)工具。单击 ⚓ (正视于)工具,或按下快捷键〈Ctrl+8〉。接着,选择正方形上端水平边线以显示绿色的几何关系标记,选择 ═ "长度相等"标记,按〈Delete〉键删除此几何关系。单击草图工具栏中的 📏 (智能尺寸)工具,选择矩形的水平边线,在弹出的"修改"输入框中输入"="符号,接着在图形区域选择尺寸 34 mm,然后继续输入" * 4",按下空格键后,单击输入框右侧的 ✓ "确定"按钮完成尺寸方程式"∑="D1@草图 1" * 4"的设置,如图 2-6 所示。单击图形区域右上角的  "确定"按钮完成草图 1 的编辑。单击标准工具栏中的 ⊞(另保存)工具,取名为"扶手"。单击图形区域右上角的 ✕ "关闭"按钮,关闭"扶手"文件。

图 2-6　绘制"扶手"

(15) 单击标准工具栏中的 ▯(新建)工具,选择 ◈ "零件"选项,单击"确定"按钮开始制作靠背板零部件。在特征管理设计树中选择"右视基准面",单击草图工具栏中的 ⊑ (草图绘制)绘制"草图 1",单击 ↗ (中心矩形)工具,以草图原点为中心绘制矩形,单击 ⬙ (智能尺寸)工具选择竖直边线,给定尺寸为 15 mm,接着选择水平边线,在输入框中输入"=",接着选择尺寸"15",继续输入" * 26",如图 2-7 所示,单击输入框的 ✔ "确定"按钮完成矩形尺寸的标注。

图 2-7　绘制"扶手"

(16) 单击特征工具栏中的 ⬢(拉伸凸台/基体)工具,单击 ⬩ 深度输入框,输入"=",接着在图形区域选取矩形的水平尺寸,继续键入" * 2.618"(黄金比例)。单击 ✔ "确定"按钮生成拉伸-凸台 1,如图 2-8 所示。

(17) 单击管理器栏上端的 ◉ DisplayManager 标签,双击外观管理栏的 ◗ 颜色 选项。在图形区域右侧的"外观、布景和贴图"任务窗口中依次选择"外观"→"油漆"→"喷射"→"红色喷漆",如图 2-9 所示。单击 ✔ "确定"完成实体的整体着色。单击标准工具栏中的 ⊞(保存)工具,取名为"靠背板"。

(18) 修改步骤(17)零件的参数生成座板零部件。在特征管理设计树中选择"凸台-拉伸 1",单击关联工具栏中的 ✐ (编辑草图)工具,在图形区域双击水平尺寸,修改尺寸方程式为"D1@草图 1" * 30"。单击 ↵ "确定"完成草图编辑。接下来,继续在特征管理设计树中选择"凸台-拉伸 1",单击关联工具栏中的 ⬢ (编辑特征)工具,在属性栏中修改拉伸深度为"∑ = "D2@草图 1" * 1.2",按下键盘"空格"键,单击输入框右侧的 ✔ "确定"按钮,接着单击属性栏上端的 ✔ "确定"完成特征编辑,如图 2-10 所示。

图 2-8　拉伸-凸台 1

图 2-9　设置外观

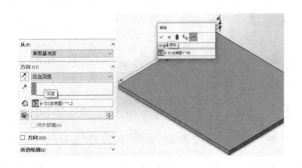

图 2-10　绘制座板

图 2-11　修改颜色

（19）单击管理器栏上端的 DisplayManager 标签，双击外观管理栏的 红色喷漆 选项，单击 "主要颜色"选项框，弹出"颜色"浮动栏，选择中蓝色（R：0，G：0，B：255）。单击 "确定"完成颜色修改，如图 2-11 所示。单击标准工具栏中的（另保存）工具，取名为"座板"。

2.2　装配零部件

（1）单击标准工具栏中的（新建）工具，在弹出的"新建 SolidWorks 文件"浮动框中选择 "装配体"选项，单击"确定"按钮。此时系统直接进入"开始装配体"界面，如图 2-12 所示。

（2）在图 2-12 所显示的"打开"窗口，选择"背档. SLDPRT"文件①，单击"打开"按钮。接着，在图形区域单击鼠标左键插入"背档"①零件。

（3）单击装配体工具栏中的（插入零部件）工具，在打开窗口中选择"扶手. SLD-PRT"文件②，单击"打开"按钮。按住鼠标中键旋转视图，接着，单击图形区域左下角的旋转坐标栏中（Y 轴旋转）按钮（系统默认旋转值为 90°），移动鼠标指针至"背档"①零件的上端，单击鼠标左键插入"扶手"②零件，如图 2-13 所示。

（4）按〈Ctrl＋7〉键显示等轴侧视图。接下来，参照图 2-14 的六面体标记（前、后、右、左、上、下）进行零件的装配。按住〈Ctrl〉键，在图形区域选择"扶手"②零件的〈下〉底面和

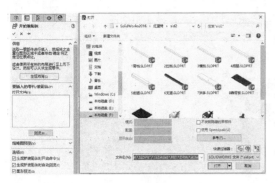

图 2-12 开始装配体

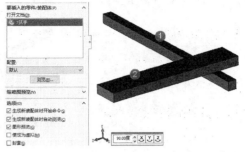

图 2-13 插入扶手

"背档"①零件的〈上〉顶面,在弹出的关联工具栏中单击 ⤢ (重合)按钮;按住〈Ctrl〉键选择 "扶手"②零件和"背档"①零件的〈右〉侧面,在弹出的关联工具栏中单击 ⤢ (距离)按钮,在 尺寸输入框中键入"34 mm",单击 ✓ (确定)按钮完成距离配合。再次住〈Ctrl〉键选择"扶 手"②零件和"背档"①零件的〈后〉端面,单击关联工具栏中的 ⤢ (距离)按钮,在尺寸输入 框中键入"34 mm",单击 ✓ (确定)按钮,如图 2-15 所示。注意:如果距离配合的结果与图 2-15 不符,可以单击尺寸输入框前的 ⤢ (反转尺寸)按钮。

图 2-14 六面体参照

图 2-15 配合零件"扶手"和"背档"

(5)单击装配体工具栏中的 🗐 (插入零部件)工具,在打开窗口中选择"后腿.SLD-PRT"文件③,单击"打开"按钮。单击 ⤢ (Z 轴旋转)按钮,移动鼠标指针至"扶手"零部件 的下端,单击鼠标左键插入"后腿"③零件。

(6)保持等轴侧视图显示。按住〈Ctrl〉键,在图形区域选择"后腿"③零件的〈上〉顶面和 "扶手"②零件的〈下〉底面,单击 ⤢ (重合)按钮;接着,继续按住〈Ctrl〉键选择"后腿"③零 件的〈后〉端面和"背档"①零件的〈前〉端面,单击 ⤢ (重合)按钮。

(7)在特征管理设计树中分别双击 🗐 扶手<1> 和 🗐 (-)后腿<1> 选项依次展开下属子 选项。接着,按住〈Ctrl〉键分别选择 🗐 扶手<1> 下的"前视基准面"和 🗐 (-)后腿<1> 下的 "上视基准面",单击装配体工具栏中 🔗 (配合)工具,单击 ⤢ (重合)按钮。最后,单击属 性栏上端的 ✓ (确定)按钮完成配合。如图 2-16 所示。注意:此时的特征管理设计树中的

"后腿"零件选项标签由  变为 ，表示为零件装配已经完全定义。

图 2-16　装配"后腿"零件

(8) 单击装配体工具栏中的 （插入零部件）工具，在打开窗口中选择"拉档．SLD-PRT"④文件，单击"打开"按钮。单击 （Y 轴旋转）按钮，移动鼠标指针至"后腿"零件的下端，单击鼠标左键插入"拉档"④零件。

(9) 保持等轴侧视图显示。按住〈Ctrl〉键，在图形区域选择"拉档"④零件的〈右〉侧面和"后腿"③零件的〈左〉侧面，在弹出的关联工具栏中单击 （重合）按钮；接着，继续按住〈Ctrl〉键，选择"拉档"④零件和"后腿"③零件的〈下〉底面，单击关联工具栏中的 （距离）按钮，在尺寸输入框中键入"68 mm"，单击 （确定）按钮。最后，依旧按住〈Ctrl〉键，选择"拉档"④零件和"后腿"③零件的〈后〉端面，单击 （距离）按钮，给定尺寸为"34 mm"，单击 （确定）按钮完成"拉档"零件的装配，如图 2-17 所示。

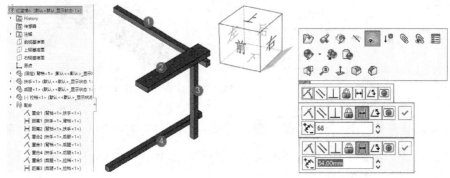

图 2-17　装配"拉档"零件

(10) 单击装配体工具栏中的 （插入零部件）工具，在打开窗口中选择"前腿．SLD-PRT"文件⑤，单击"打开"按钮。单击 （Z 轴旋转）按钮，移动鼠标指针至"拉档"④零件的前端，单击鼠标左键插入"前腿"⑤零件。

(11) 保持等轴侧视图显示。按住〈Ctrl〉键，在图形区域选择"拉档"④零件的〈右〉侧面和"前腿"⑤零件的〈左〉侧面，在弹出的关联工具栏中单击 （重合）按钮；接着，继续按住〈Ctrl〉键，选择"拉档"④零件和"前腿"⑤零件的〈前〉端面，单击关联工具栏中的 （距离）

按钮,给定尺寸为"34 mm",单击 ✓(确定)按钮。最后,按住〈Ctrl〉键,选择"前腿"⑤零件和"后腿"③零件的〈下〉底面,在弹出的关联工具栏中单击 人(重合)按钮完成"前腿"零件的装配,如图 2-18 所示。

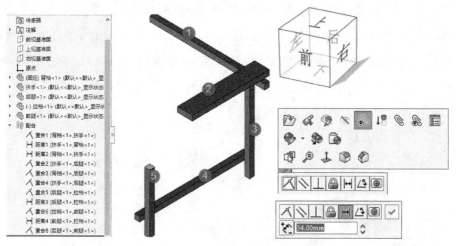

图 2-18 装配"前腿"零件

(12) 单击装配体工具栏中的 🗗(插入零部件)工具,在打开窗口中选择"横档.SLD-PRT"文件,单击"打开"按钮。在图形区域移动鼠标指针至"拉档"④零件的上端,单击鼠标左键插入"横档"⑥零件。

(13) 保持等轴侧视图显示。按住〈Ctrl〉键,在图形区域选择"拉档"④零件的〈上〉顶面和"横档"⑥零件的〈下〉底面,在弹出的关联工具栏中单击 人(重合)按钮;接着,继续按住〈Ctrl〉键,选择"横档"⑥零件的〈前〉端面和"前腿"⑤零件的〈后〉端面,单击 人(重合)按钮;最后,按住〈Ctrl〉键,选择"横档"⑥零件和"前腿"⑤零件的〈右〉侧面,单击关联工具栏中的 H(距离)按钮,给定尺寸为"34 mm",单击 ✓(确定)按钮完成"横档"⑥零件的装配,如图 2-19 所示。

图 2-19 装配"横档"零件

(14) 单击装配体工具栏中的 🗗(插入零部件)工具,在打开窗口中选择"横档.SLD-

PRT"文件。在图形区域移动鼠标指针至"前腿"⑤零件的上端,单击鼠标左键插入"横档"⑥零件。

(15) 按住〈Ctrl〉键,在图形区域选择"横档"⑥零件的〈前〉端面和"前腿"⑤零件的〈后〉端面,单击 ⬔ (重合)按钮;接着,继续按住〈Ctrl〉键,选择"横档"⑥零件和"前腿"⑤零件的〈上〉顶面,单击关联工具栏中的 ⬔ (距离)按钮,给定尺寸为"34 mm",单击 ✓ (确定);最后,再次按住〈Ctrl〉键,选择"横档"⑥零件和"前腿"⑤零件的〈左〉侧面,单击 ⬔ (距离)按钮,给定尺寸为"34 mm",单击 ✓ (确定)按钮完成"横档"⑥零件的装配,如图 2-20 所示。

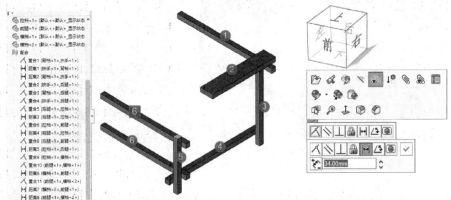

图 2-20 装配"横档"6 零件

(16) 单击装配体工具栏中的 🖼 (插入零部件)工具,在打开窗口中选择"支腿.SLD-PRT"文件⑦,单击"打开"按钮。单击 ⤴ (Z 轴旋转)按钮,移动鼠标指针至"扶手"②零部件的下端,单击鼠标左键插入"支腿"⑦零件。

(17) 保持等轴侧视图显示。按住〈Ctrl〉键,在图形区域选择"支腿"⑦零件的〈左〉侧面和"拉档"④零件的〈右〉侧面,单击 ⬔ (重合)按钮;接着,继续按住〈Ctrl〉键选择"支腿"⑦零件的〈上〉顶面和"扶手"②零件的〈下〉底面,单击 ⬔ (重合)按钮。最后,在特征管理设计树中按住〈Ctrl〉键依次选择 🖼 扶手<1> 下的"右视基准面"和 🖼 (-) 支腿<1> 下的"前视基准面",单击装配体工具栏中 📎 (配合)工具,单击 ⬔ (重合)按钮,单击属性栏上端的 ✓ (确定)按钮完成"支腿"⑦零件的装配,如图 2-21 所示。

(18) 在特征管理设计树中选择 🖼 (固定) 背档<1> 下的"右视基准面",单击装配体工具栏中的 🖼 (镜像零部件)工具,激活"要镜像的零部件"选项框,然后在图形区域中依次选择"扶手"②、"后腿"③、"支腿"⑦、"拉档"④和"前腿"⑤零部件。单击属性栏上端的 ✓ (确定)按钮生成镜像零部件,如图 2-22 所示。

(19) 单击装配体工具栏中的 🖼 (插入零部件)工具,在打开窗口中选择"横档.SLD-PRT"文件,单击"打开"按钮。在图形区域移动鼠标指针至"支腿"⑦零件的下端,单击鼠标左键插入"横档"⑥零件。

(20) 保持等轴侧视图显示。按住〈Ctrl〉键,在图形区域选择"横档"⑥零件的〈下〉底面

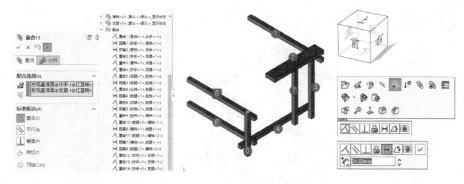

图 2-21　装配"横档"2 零件

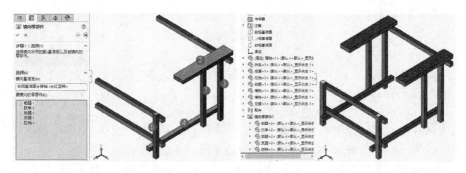

图 2-22　镜像零部件

和"拉档"④零件的〈上〉顶面,单击 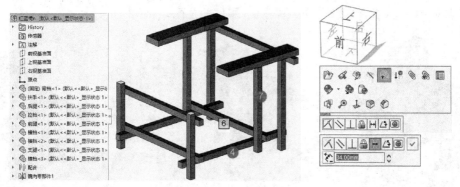（重合）按钮;接着,继续按住〈Ctrl〉键,选择"横档"⑥零件的〈前〉端面和"支腿"⑦零件的〈后〉端面,单击 （重合）按钮;最后,再次按住〈Ctrl〉键,选择"横档"⑥零件和"支腿"⑦零件的〈右〉侧面,单击 （距离）按钮,给定尺寸为"34 mm",单击 （确定）按钮完成"横档"⑥零件的装配,如图 2-23 所示。

图 2-23　装配"横档"⑥零件

（21）重复步骤（19）～（20）的操作,将"横档"⑥零件插入到"支腿"⑦的前端,添加"横档"⑥零件〈后〉端面和"支腿"⑦零件〈前〉端面的 "重合"装配;接着添加"横档"⑥的〈下〉底面和"拉档"④〈上〉顶面的 距离装配为 153 mm;最后添加"横档"⑥零件与"支腿"⑦零件〈右〉侧面的 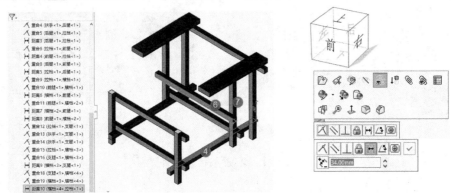 距离装配为 34 mm,如图 2-24 所示。

图 2-24 装配"横档"⑥零件

(22) 单击装配体工具栏中的 工具,在打开窗口中选择"靠背板.SLD-PRT"文件,单击"打开"按钮。单击图形区域左下角的旋转坐标栏中 ![ ](Y 轴旋转)按钮(系统默认旋转值为 90°);接着,修改旋转坐标栏的旋转值为 45°,单击 ![ ](X 轴旋转)按钮,如图 2-25(a)所示;最后,在图形区域单击鼠标左键插入新零件。

(23) 保持等轴侧视图显示。按住〈Ctrl〉键,在图形区域选择"靠背板"零件的背面和图 2-25(a)所示的"边线 1",单击 按钮;接着,继续按住〈Ctrl〉键,选择"靠背板"零件的背面和"边线 2",单击 按钮,如图 2-25(b)所示。

(24) 保持等轴侧视图显示。按住〈Ctrl〉键,在图形区域选择"拉档"零件的〈下〉底面和图 2-25(b)所示的"边线 3",单击 按钮;接着,按住〈Ctrl〉键在特征管理设计树中选择 背档<1> 下的"右视基准面"和 靠背板<2> 下的"前视基准面",单击关联工具栏中 按钮完成"靠背板"零件的装配,如图 2-26 所示。

图 2-25 插入"靠背板"　　　　　　　　　　图 2-26 装配"靠背板"

(25) 单击装配体工具栏中的 工具,在打开窗口中选择"座板.SLD-

PRT"文件,单击"打开"按钮。修改图形区域左下角的旋转坐标栏的旋转值为 90°,单击 <img_1 placeholder> (Y 轴旋转)按钮,在图形区域单击鼠标左键插入新零件。

(26) 保持等轴侧视图显示。按住〈Ctrl〉键,在图形区域选择"座板"零件的底面和图 2-27 所示的"边线 4",单击 (重合)按钮;继续按住〈Ctrl〉键,在图形区域选择"座板"零件的底面和图 2-27 所示的"边线 5",单击 (重合)按钮;接着,选择图 2-27 所示的"边线 6"和"靠背板"的正面,单击关联工具栏中 (重合)按钮完成"座板"零件的装配;最后,按住〈Ctrl〉键在特征管理设计树中选择 (固定)背档<1> 下的"右视基准面"和 座板<1> 下的"前视基准面",单击关联工具栏中 (重合)按钮完成"靠背板"零件的装配,如图 2-28 所示。单击标准工具栏中的 (保存)工具,取名为"红蓝椅"。

图 2-27　配合"座板"

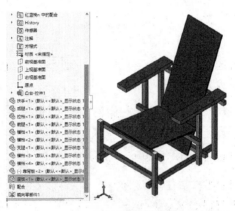

图 2-28　红蓝椅

2.3　渲染红蓝椅

(1) 单击标准工具栏中的 (打开)工具,选择"红蓝椅. SLDASM"文件。

(2) 单击标准工具栏中 (选项)工具右侧的箭头,在下拉菜单中选择"插件"命令,勾选 PhotoView 360 选项,单击"确定"按钮装载渲染工具。

(3) 按下〈Ctrl + 7〉键切换视图显示为"轴等侧"。在管理器栏中单击 DisplayManager → (查看布景、光源和相机)标签。右击 相机 选项,在下拉菜单中选择"添加相机"命令。在相机属性栏中选择"85 mm 远距摄像",接着,直接在图形区域使用快捷键调整照相机,如图 2-29 所示。提示:〈鼠标中键〉为实体旋转;〈Ctrl+鼠标中键〉为移动视图;〈Shift+鼠标中键〉为放大视图;〈Alt+鼠标中键〉为视图面旋转。单击 (确定)按钮添加"相机 1"。

(4) 按下键盘〈空格〉键,显示视图浮动工具栏,如图 2-30 所示,单击 相机1 按钮。

(5) 在图形区域右侧任务窗口标签栏的 (外观、布景和贴图)按钮,弹出任务窗口,

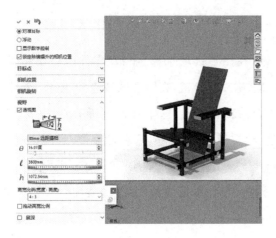

图 2-29　添加相机 1

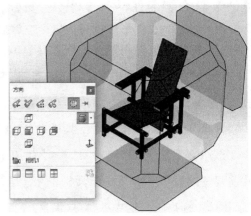

图 2-30　切换相机视图

依次选择"🔴 布景　布景"→"🔵 基本布景　基本布景"→"柔光聚光灯"，双击"柔光聚光灯"选项载入此布景，如图 2-31 所示。

（6）在图形区域左侧的"布景、光源与相机"管理器栏中，双击 📷 布景 (柔光聚光灯) 下属的 🖼 背景 (环境) 选项进入"编辑布景"管理，在"背景"选项框中选择"无"，单击 ✔（确定）按钮完成布景编辑，如图 2-32 所示。

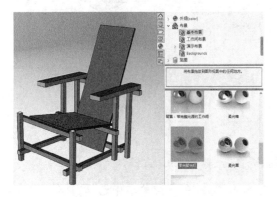

图 2-31　设置布景

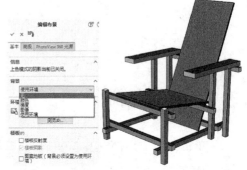

图 2-32　编辑布景

（7）在图形区域左侧的"布景、光源与相机"管理器栏中，双击 📷 PhotoView 360 光源 下属的 💡 线光源8 选项进入"线光源 8"管理，勾选"PhotoView 360 中打开"复选框，修改"阴影柔和度"为 1°；增加"阴影品质"为 60；单击 ✔（确定）按钮添加线光源。

（8）单击渲染工具栏中的 ⚙（选项）工具，选择"输出图像大小"为"1024 * 768"；"最终渲染品质"为"最佳"，单击 ✔（确定）按钮完成渲染设置。单击标准工具栏中的 💾（保存）工具。接着，单击渲染工具栏中的 🔵（最终渲染）工具启动 PhotoView 360 窗口渲染，如图 2-33 所示。单击 PhotoView 360 窗口左下角的"保存图像"按钮，取名"红蓝椅. TIF"。最终渲染结果如图 2-34 所示。

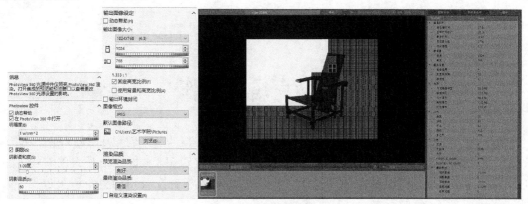

图 2-33 设置光源、渲染

图 2-34 红蓝椅渲染效果

3　赫克塔灯制作

宜家家居(IKEA)是来自瑞典的全球知名家具和家居零售商,创建于 1943 年。IKEA 这个名称结合了宜家创始人 Ingvar Kamprad 的名字首字母(IK),以及他长大的农场和村庄的名字 Elmtaryd 和 Agunnaryd 的首字母(EA)。宜家标识在公司的整个历史过程中几乎未经改变,1967 年的版本一直是宜家的象征。

从创建初期,宜家就决定与家居用品消费者中的"大多数人"站在一起,这意味着宜家将同时满足具有多方面不同需要、品位、梦想、追求以及财力的消费者。"为大众服务"就是宜家一贯的经营理念,无论你喜爱哪一种风格,宜家都有为所有人提供的家居产品和解决方案,为大众创造更美好的日常生活。宜家的产品主要包括座椅(沙发)系列、办公用品、卧室系列、厨房系列、照明系列、纺织品、炊具系列、房屋储藏系列、儿童产品系列等,互为和谐的产品系列在功能和风格上可谓种类繁多。

宜家的家居风格完美再现了大自然:充满了阳光和清新气息,同时又朴实无华。其简约、清新、自然的特征秉承了北欧斯堪纳维亚的一贯风格,凝聚了瑞典家居设计文化和艺术:将古典风格与瑞典的民间格调相结合,兼具现代主义和实用主义,注重以人为本。对宜家而言,优秀的设计应该是美观、实用、优质、可持续和低价的完美结合。这就是宜家的"民主设计"——以卓越的家居装饰产品让人人享有的设计。

赫克塔吊灯(图 3-1)采用简洁的大尺寸金属造型,设计灵感源于工厂和剧院等场所的旧式灯具。赫克塔(HEKTAR)灯具可多盏一起使用,为不同的活动营造气氛,在室内营造统一协调的田园风格。此外,吊灯造型充分应用了黄金比例,让产品外观更加和谐自然。

赫克塔吊灯主要应用 (旋转凸台/基体)特征工具进行制作。　　图 3-1　赫克塔吊灯

(1) 单击标准工具栏中的 (新建)工具,在弹出的"新建 SolidWorks 文件"浮动框中选择 "零件"选项,单击"确定"按钮。

(2) 绘制赫克塔吊灯正视轮廓。在特征管理设计树中选择"前视基准面",单击 (草图绘制)工具绘制草图 1,单击 (中心矩形)工具以草图原心为中心绘制矩形,按住〈Ctrl〉键,选择矩形水平和竖直线段,在关联工具栏中单击 (相等)关系,单击 (智能尺寸)工具,标注边长为 460 mm;单击 (构造几何线)工具,依次选择正方形的四边使其为虚线,如图 3-2 所示。接着,单击 (中心线)工具在矩形内绘制水平线段,单击 (智能尺

寸)工具选择中心线与矩形下边线,在距离输入框中输入"="符号,然后在图形区域选择尺寸"460 mm"作为定量,然后继续输入"∗0.618"(黄金比例),单击右侧的 ✔ "确定"按钮建立尺寸的方程式"∑＝ ＝"D1@草图 1"∗0.618",如图 3-3 所示。接下来,使用 ▢ (边角矩形)、╱(直线)和 ◠(3 点圆弧)工具绘制如图 3-4 所示的两个闭合图形,注意为圆弧和右侧虚线添加"相切"关系,为右侧线段与下端线段中点添加"重合"关系。

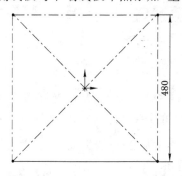

图 3-2 绘制正方形

图 3-3 绘制黄金分割线

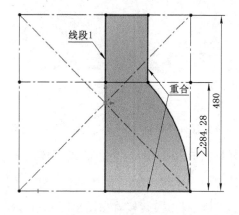

图 3-4 绘制吊灯轮廓

(3) 选择"线段 1",单击特征工具栏中的 🐌 (旋转凸台/基体)工具,在图形区域中选择矩形为"所选轮廓",如图 3-5 所示,单击 ✔ (确定)按钮生成旋转 1 实体。

(4) 在特征管理设计树中展开"旋转 1"项目,选择下属的"草图 1"项目,单击 🐌 (旋转凸台/基体)工具,继续以"线段 1"为"旋转轴",激活"所选轮廓"选项框,在图形区域中选择弧线封闭形,取消"合并结果"。如图 3-6 所示,单击 ✔ (确定)按钮生成旋转 2 实体。

(5) 选择"旋转 1"实体,单击关联工具栏中的 👁 (隐藏)工具。在图形区域中选择旋转 2 实体的上端面,单击 ⬜ (草图绘制)工具绘制草图 2,保持面的选择单击 ⬜ (等距实体)工具,给定距离为 6 mm。单击特征工具栏中的 📦 (拉伸凸台/基体)工具,单击 ↗ (反向)按钮,选择终止条件为"形成到下一面",如图 3-7 所示,单击 ✔ (确定)按钮生成拉伸 1

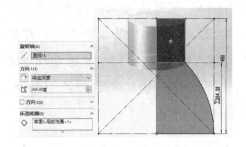

图 3-5　旋转 1

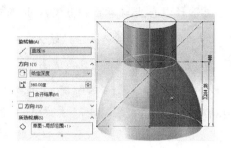

图 3-6　旋转 2

特征。

(6) 单击特征工具栏中的 ▣（圆角）工具,选择圆角类型为 ▣"面圆角",参照图 3-8 选择"面组 1"和"面组 2"。在圆角参数栏选择圆角方法为"包络控制线",接着在图形区域中选择上端面的圆边线①,单击 ✓（确定）按钮生成圆角 1 特征。

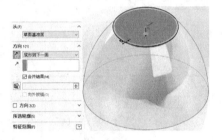

图 3-7　草图 2 与凸台-拉伸 1

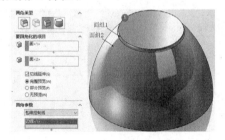

图 3-8　圆角 1

(7) 显示"旋转 1"实体,继续选择图 3-7 的上端面,单击 ▭（草图绘制）工具绘制草图 3,保持面的选择,单击 ▣（转换实体应用）工具。单击特征工具栏中的 ▣（拉伸凸台/基体）工具,给定拉伸深度为 10 mm,单击 ▣（拔模）按钮,给定角度为 45°,在特征范围栏中取消"自动选择"选项,接着在图形区域中选择"旋转 1"实体,单击 ✓（确定）按钮生成拉伸 2 特征。

(8) 单击特征工具栏中的 ▣（圆角）工具,选择圆角类型为 ▣"面圆角",参照图 3-10 选择"面组 1"和"面组 2"。在圆角参数栏选择圆角方法为"包络控制线",接着在图形区域中选择"旋转 1"实体的下端面边线①,单击 ✓（确定）按钮生成圆角 2 特征。

(9) 单击特征工具栏中的 ▣（组合）工具,选择操作类型为"添加",接着在图形区域中选择"圆角 1"和"圆角 2"实体,单击 ✓（确定）按钮生成组合 1 特征,如图 3-11 所示。

(10) 单击特征工具栏中的 ▣（抽壳）工具,给定厚度为 2 mm,在图形区域中选择实体的底面 1 为 ▣"移除的面",单击 ✓（确定）按钮生成抽壳 1 特征,如图 3-12 所示。

(11) 单击特征工具栏中的 ▣（扫描）工具,选择轮廓和路径类型为"圆形轮廓",接着在图形区域中选择灯罩口的外沿边线①为 ▭"路径",给定 ⌀ 直径为 10 mm。单击 ✓（确定）按钮生成扫描 1 特征,如图 3-13 所示。

图 3-9　草图 3 与凸台-拉伸 2

图 3-10　圆角 2

图 3-11　组合 1

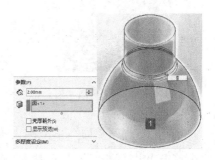

图 3-12　抽壳 1

（12）单击特征工具栏中的 ⬛（圆角）工具，选择圆角类型为 ⬛ "恒定大小圆角"，选择灯罩顶面边线为操作对象，给定 ⬈ 半径为 10 mm，如图 3-14 所示。单击 ✔（确定）按钮生成圆角 3 特征。在特征管理设计树中选择"圆角 3"项目，按鼠标左键将其拖拽到"组合 1"项目之上，如图 3-14(c)所示。

图 3-13　扫描 1

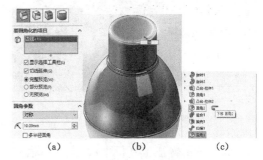

（a）　　　（b）　　　（c）

图 3-14　圆角 3

（13）选择"前视基准面"，单击 ⬜（草图绘制）工具绘制草图 4，单击 ✎（中心线）工具过草图原点绘制竖直线，单击 ⿴（动态镜向实体）工具启动镜像轴，接着配合使用 ✎（直线）、⌒（3 点圆弧）工具和 ✎（智能尺寸）工具。参照图 3-15 绘制草图 4 形体，注意添加点与实体边线"重合"几何关系，使草图完全定义。

（14）单击特征工具栏中的 ⬚（扫描）工具，选择轮廓和路径类型为"圆形轮廓"，选择草图 4 为 ⌒ "路径"，给定 ⊘ 直径为 6 mm，取消"合并结果"，单击 ✔（确定）按钮生成扫描 2 实体,如图 3-16 所示。

(15) 单击曲线工具栏中的 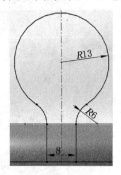(分割线)工具,选择分割类型为"交叉点",激活粉色选择框,在图形区域中弹开设计树,选择"右视基准面";接着激活蓝色选择框,在图形区域中选择"扫描 2"的圆环面,如图 3-17 所示;单击 ✓ (确定)按钮生成分割线 1。

图 3-15 草图 4 　　　　　　　　图 3-16 扫描 2 实体

(16) 选择"右视基准面",单击 ⊏(草图绘制)工具绘制草图 5,在图形区域上端的视图工具栏中单击 ⊞(线框架)工具;接着,使用 ◫(直槽口)和 ⬚(智能尺寸)工具,参照图 3-18 绘制草图形体。注意直槽口的中心线与草图原点"重合";标注直槽口下端圆弧与圆边线尺寸时,按住〈Shift〉键。

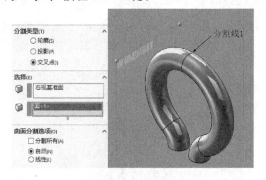

图 3-17 分割线 1

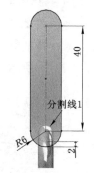

图 3-18 草图 5

(17) 单击特征工具栏中的 ✏(扫描)工具,选择轮廓和路径类型为"圆形轮廓",选择草图 5 为 ⌒ "路径",给定 ⊘ 直径为 4 mm,取消"合并结果"选项。单击 ✓ (确定)按钮生成扫描 3 实体,如图 3-19 所示。

(18) 单击特征工具栏中 ⬚(线性阵列)工具,在图形区域中的弹开设计树中选择"上视基准面"为方向,给定间距为 48 mm,实例数为 11;选择"实体"栏,激活 ◫ "要阵列的实体"框,在图形区域中选择扫描 3 实体;如图 3-20 所示,单击 ✓ (确定)按钮生成"阵列(线性)1"特征。

(19) 单击特征工具栏中 ⬚(移动/复制实体)工具,在图形区域中依次选择偶数②、④、⑥、⑧、⑩的槽环,单击"旋转"栏,给定"Y 轴旋转角度"为 90°,如图 3-21 所示,单击 ✓

图 3-19　扫描 3

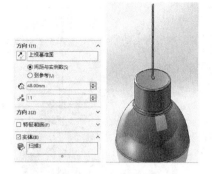

图 3-20　阵列(线性)1

(确定)按钮生成"实体-移动/复制 1"特征。

(20) 继续单击 工具,在图形区域中选择"分割线 1"实体,选择"复制"选项;单击"旋转"栏,给定"X 轴旋转角度"为 180°,单击 ✓ (确定)按钮生成"实体-移动/复制 2"实体,如图 3-22 所示。

(21) 再次单击 工具,选择"实体-移动/复制 2"实体,取消"复制"选项;单击"移动"栏,给定"Y"数值为 558 mm,单击 ✓ (确定)按钮生成"实体-移动/复制 3"实体,如图 3-23 所示。

图 3-21　实体-移动/复制 1

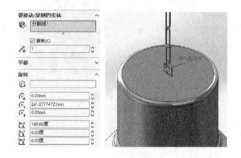

图 3-22　实体-移动/复制 2

(22) 选择"上视基准面",单击 工具绘制草图 6,选择灯罩顶面内边线,单击 工具;单击特征工具栏中的 工具,选择开始条件为"等距",输入距离为 810 mm;选择终止条件为"给定深度",给定深度为 60 mm,取消"合并结果";单击 按钮,输入拔模角度为 4°;选择"向外拔模"选项。单击 ✓ (确定)按钮生成"凸台-拉伸 3"实体,如图 3-24 所示。

(23) 单击特征工具栏中的 工具,选择圆角类型为 ![]"恒定大小圆角",选择灯座底面边线为操作对象,给定 ![]半径为 5 mm,如图 3-25 所示。单击 ✓ (确定)按钮生成圆角 4 特征。

图 3-23　实体-移动/复制 3

图 3-24　草图 6 与凸台-拉伸 3

（24）单击特征工具栏中的 ⬚（抽壳）工具，给定厚度为 2 mm，在图形区域中选择灯座的顶面为 ⬚"移除的面"，单击 ✓（确定）按钮生成抽壳 2 特征，如图 3-26 所示。

图 3-25　圆角 4

图 3-26　抽壳 2

（25）单击特征工具栏中的 ⬚（扫描）工具，选择轮廓和路径类型为"圆形轮廓"，选择灯座上端的外沿边线为 ⬚"路径"，给定 ⬚ 直径为 4 mm。单击 ✓（确定）按钮生成扫描 4 特征，如图 3-27 所示。

（26）单击图形区域右侧任务窗口标签栏的 ⬚（外观、布景和贴图）按钮，弹出任务窗口，如图 3-28 所示为产品各零部件赋材质，选择"柔光罩"布景为渲染场景。

（27）切换视图显示为"前视"。在管理器栏中单击 ⬚ DisplayManager → ⬚（查看布景、光源和相机）标签。右击 ⬚ 相机 选项，在下拉菜单中选择"添加相机"命令；接着，直接在图形区域使用快捷键调整照相机。提示：〈鼠标中键〉为旋转视图；〈Ctrl＋鼠标中键〉为移动视图；〈Shift＋鼠标中键〉为放大视图。此外，物件尺寸较大时，最好使用 135 mm 的长焦镜头。

（28）单击渲染工具栏中的 ⬚（选项）工具，选择"输出图像大小"为"1024＊768"；"最终渲染品质"为"最佳",单击 ✔ (确定)按钮完成渲染设置。单击标准工具栏中的 ▦ (保存)工具,取名为"赫克塔吊灯.sldprt"。接着,单击渲染工具栏中的 ● (最终渲染)工具启动 PhotoView 360 窗口渲染,结果如图 3-29 所示。

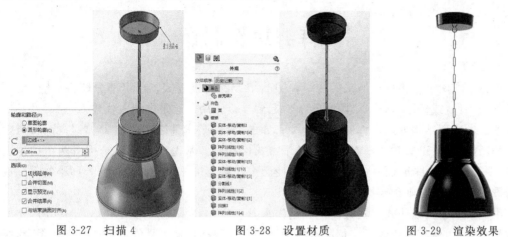

图 3-27　扫描 4　　　　　　图 3-28　设置材质　　　　　　图 3-29　渲染效果

4 榫卯结构制作

榫卯是在两个木构件上所采用的一种凹凸结合的连接方式。凸出部分叫榫(或榫头),凹进部分叫卯(或榫眼、榫槽),榫和卯咬合,起到连接作用。这是中国古代建筑、家具及其他木制器械的主要结构方式。榫卯结构是榫和卯的结合,是木件之间多与少、高与低、长与短之间的巧妙组合,可有效地限制木件向各个方向的扭动。最基本的榫卯结构由两个构件组成,其中一个的榫头插入另一个的卯眼中,使两个构件连接并固定。榫头伸入卯眼的部分被称为榫舌,其余部分则称作榫肩。

中国古典家具以明式家具的设计和制作最具考究。在满足人们视觉美感的同时,还要求科学合理性,使其长久耐用。每块木料的榫头和卯眼都根据家具的造型进行设计组合,兼顾材料的力学特征,并考虑每块木料的承受力。因此,明式家具的榫卯结合方式有近百种,常见的有格角榫、托角榫、粽角榫、燕尾榫、夹头榫、抱肩榫、龙凤榫、楔钉榫、插肩榫、围栏榫、套榫、挂榫、半榫与札榫等。

本章将以粽角榫为原型进行阐述,在探究榫卯结构设计原理、方法和流程的同时,重点掌握 SolidWorks 特征工具中 ▦ (组合)、▦ (分割)和 ▧ (复制移动)工具的使用和应用技巧。

粽角榫因其外形像粽子角而得名,从三面看都集中到角线的是 45°的斜线,又叫"三角齐尖",多用于框形的连接。另外,明式家具中还有"四十式"桌,其腿足、牙条、面板的连接均要用粽角榫,其制作步骤如下。

(1) 单击标准工具栏中的 ▯ (新建)工具,在弹出的"新建 SolidWorks 文件"浮动框中选择 ◈ "零件"选项,单击"确定"按钮。

(2) 在特征管理设计树中选择"前视基准面",单击草图工具栏中的 ▭ (绘制草图)工具绘制草图 1,单击 ▣ (中心矩形)工具,以草图原点 ⌞ 矩形的中心绘制矩形。按住〈Ctrl〉键选择水平边线和竖直边线,在关联工具栏中选择 = (使相等)工具;接着,单击草图工具栏中的 ✦ (智能尺寸)工具,选择正方形任意边线,给定尺寸为 40 mm。按〈Esc〉键结束尺寸标注。单击特征工具栏中的 ▧ (拉伸凸台/基体)工具,选择终止条件为"给定深度",在 ◈ 深度输入框中输入 140 mm,单击 ✔ "确定"生成凸台-拉伸 1,如图 4-1 所示。

(3) 在特征管理设计树中选择"右视基准面",单击草图工具栏中的 ▭ (绘制草图)工具绘制草图 2,单击 ▢ (边角矩形)工具,以"凸台-拉伸 1"实体的右上角为起点,下边线为终点绘制矩形;接着,按住〈Ctrl〉键选择新绘制的矩形水平边线和竖直边线,在关联工具栏中选择 = (使相等)工具,使草图完全定义。单击特征工具栏中的 ▧ (拉伸凸台/基体)工具,选择终止条件为"给定深度",在 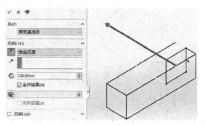 深度输入框中输入130 mm,注意选择"合并结果"选项,单击 ✔ "确定"生成凸台-拉伸2,如图4-2所示。

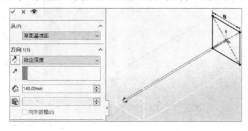

图4-1　草图1与凸台-拉伸1

图4-2　草图2与凸台-拉伸2

(4)在特征管理设计树中选择"上视基准面",单击草图工具栏中的 ⬜ (绘制草图)工具绘制草图3,单击 ⁄ (直线)工具,连接实体的两个折点①、②,如图4-3所示。单击图形区域右上角的 ⮑ "确定"按钮生成草图3。

(5)保持"草图3"的选择,单击特征工具栏中的 🗐 (分割)工具,在"所产生实体"栏中选择1、2实体文件选框,取消"消耗切除实体"复选项。单击 ✔ "确定"按钮生成分割1,此时特征管理设计树中显示 🗐 实体(2) 项目,表示图形区域零部件由两个实体组成。

(6)选择图4-4实体〈下〉底面,单击 ⬜ (绘制草图)工具绘制草图4,单击 ⬜ (边角矩形)工具以实体的端角为顶点绘制矩形,如图4-5所示。单击特征工具栏中的 🗐 (拉伸凸台/基体)工具,给定拉伸深度为130 mm,取消"合并结果"选项。单击 ✔ "确定"按钮生成"凸台-拉伸3"特征,如图4-6所示。为了更好地阐述棕角榫三根木条的结构关系,可以参照图形区域的坐标指向,分别为三个实体重新命名为"X木条"、"Y木条"和"Z木条"。

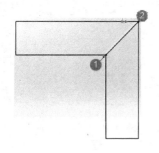

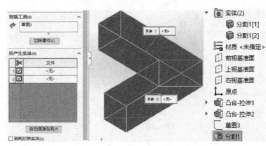

图4-3　草图1

图4-4　分割1

(7)按〈Ctrl+7〉键显示等轴侧视图,选择图4-6所示Z木条〈右〉侧面,单击 ⬜ (绘制草图)工具绘制草图5,单击 ⁄ (直线)工具以实体的端角为顶点绘制三角形,如图4-7所示。单击特征工具栏中的 🗐 (拉伸切除)工具,给定拉伸深度5 mm;在"特征范围"栏取消"自动选项"选项,接着在图形区域中选择"Z木条"实体。单击 ✔ "确定"按钮生成切除-拉伸1,如图4-8所示。

(8)保持等轴侧视图,选择X木条〈后〉端面,单击 ⬜ (绘制草图)工具绘制草图6,单

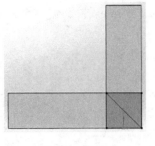

图 4-5　草图 4

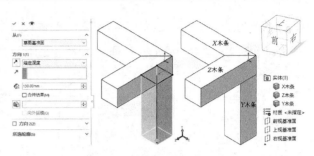

图 4-6　草图 4 与凸台-拉伸 3

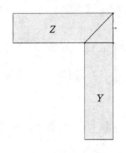

图 4-7　草图 5

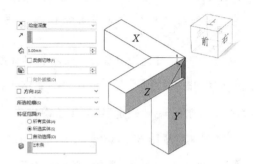

图 4-8　切除-拉伸 1

击 （直线）工具，以实体的端角为顶点绘制三角形，如图 4-9 所示。单击特征工具栏中的
（拉伸切除）工具，给定拉伸深度 5 mm；在"特征范围"栏取消"自动选项"选项，接着在图
形区域中选择"X 木条"实体。单击 ✔ "确定"按钮生成切除-拉伸 2，如图 4-10 所示。

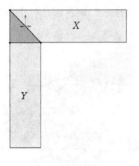

图 4-9　草图 6

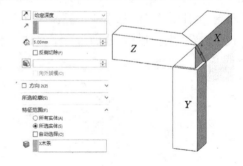

图 4-10　切除-拉伸 2

（9）选择图 4-10 所示 Y 木条〈上〉顶面，单击 ▢（绘制草图）工具绘制草图 7，保持〈上〉
顶面的选择，单击 ▣（转换实体引用）工具，单击特征工具栏中的 ▣（拉伸凸台/基体）工
具，给定拉伸深度 40 mm，取消选择"合并结果"选项。单击 ✔ "确定"按钮生成凸台-拉伸 4
实体，如图 4-11 所示。

（10）单击特征工具栏中的 ▨（移动/复制实体）工具，激活"要移动/复制的实体"选项
框，接着在图形区域中选择"Z 木条"和"X 木条"实体；选择"复制"单选框，给定复制 品 份
数为 1，如图 4-12 所示；单击 ✔ "确定"按钮，系统弹出警告对话框"既没指定平移也没指定

旋转,您想继续吗?",单击"确定"按钮生成实体-移动/复制 1,如图 4-12 所示。

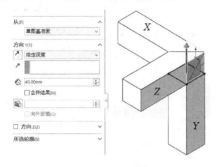

图 4-11 凸台-拉伸 4

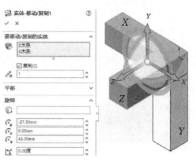

图 4-12 实体-移动/复制 1

(11) 单击特征工具栏中的 (组合)工具,选择组合类型为"删减";接着,在图形区域弹开设计树,激活"主要实体"选择框,在设计树中选择"凸台-拉伸 4"实体;激活"要组合的实体"选择框,在设计树中选择"实体-移动/复制 1[1]"和"实体-移动/复制 1[2]"实体,单击 "确定"按钮生成组合 1,如图 4-13 所示。

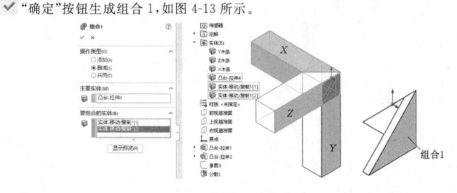

图 4-13 组合 1

(12) 再次单击特征工具栏中的 (组合)工具,选择组合类型为"添加",接着在图形区的弹开设计树中选择"组合 1"和"Y 木条"实体,如图 4-14 所示。单击 "确定"按钮生成组合 2。

(13) 此操作步骤将制作 Z 木条的〈右〉卯眼。在图形区域中选择 Z 木条的〈右〉侧面,单击 (绘制草图)工具绘制草图 8,单击 (边角矩形)工具,在实体斜边线上方绘制矩形,单击 (智能尺寸)工具以草图原心为基准标注尺寸,如图 4-15 所示。单击特征工具栏中的 (拉伸切除)工具,选择终止条件为"完全贯穿"。展开特征范围栏,选择"所选实体"选项,激活"受影响的实体"栏,在图形区域中选择"Z 木条"。单击 "确定"按钮生成切除-拉伸 3,如图 4-16 所示。

(14) 制作 X 木条的〈右〉榫舌。在特征管理设计树中展开"切除-拉伸 3"选项,选择下属的"草图 8",单击 (拉伸凸台/基体)工具,选择终止条件为"形成到下一面",选择"合并结果"选项,展开特征范围栏,选择"所选实体"选项,在图形区域中选择"X 木条",单击

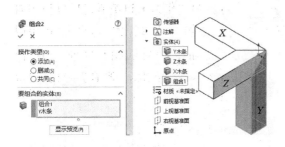

图 4-14　组合 2 实体

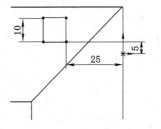

图 4-15　草图 8

"确定"按钮生成凸台-拉伸 6，如图 4-17 所示。

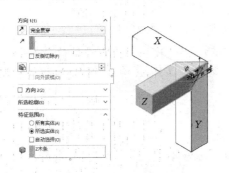

图 4-16　切除-拉伸 3

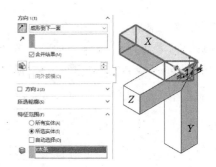

图 4-17　凸台-拉伸 6

（15）制作 X 木条的〈上〉卯眼。在图形区域中选择 X 木条的〈上〉顶面，单击 ▭（绘制草图）工具绘制草图 9，使用 ▱（边角矩形）和 ▨（智能尺寸）工具，参照图 4-18 绘制矩形。单击特征工具栏中的 ▦（拉伸切除）工具，选择终止条件为"完全贯穿"。展开特征范围栏，选择"所选实体"选项，在图形区域中选择"X 木条"。单击 ✅"确定"按钮生成切除-拉伸 4，如图 4-19 所示。

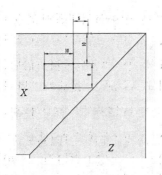

图 4-18　草图 9

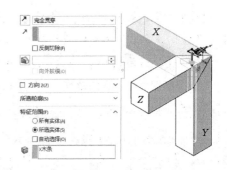

图 4-19　切除-拉伸 4 特征

（16）制作 Y 木条的〈上〉榫舌。在特征管理设计树中选择"草图 9"，单击 ▦（拉伸凸台/基体）工具，选择终止条件为"形成到下一面"，保持"合并结果"选项的选择，展开特征范围栏,选择"所选实体"选项,在图形区域中选择"Y木条",单击 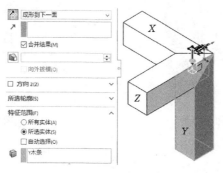 "确定"按钮生成凸台-拉伸 7,如图 4-20 所示。

图 4-20　凸台-拉伸 7 特征

(17)制作 Z 木条的暗卯眼。在图形区域中选择 Z 木条的〈上〉端面,单击 ▢ (绘制草图)工具绘制草图 10,使用 ▢ (边角矩形)和 ✐ (智能尺寸)工具,参照图 4-21 绘制矩形。单击特征工具栏中的 ▣ (拉伸切除)工具,选择开始条件为"等距",单击 ↗ "反向"按钮,给定等距值为 20 mm;接着,选择终止条件为"完全贯穿",展开特征范围栏,选择"所选实体"选项,在图形区域中选择"Z 木条"。单击 ✔ "确定"按钮生成切除-拉伸 5,如图 4-22 所示。

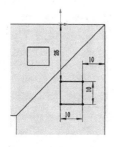

图 4-21　草图 10

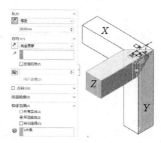

图 4-22　切除-拉伸 5 特征

(18)制作 Y 木条的暗榫舌。在特征管理设计树中选择"草图 10",单击 ▣ (拉伸凸台/基体)工具,选择开始条件为"等距",单击 ↗ "反向"按钮,给定等距值为 20 mm;选择终止条件为"形成到下一面",保持"合并结果"选项的选择,展开特征范围栏,选择"所选实体"选项,在图形区域中选择"Y 木条",单击 ✔ "确定"按钮生成凸台-拉伸 8,如图 4-23 所示。

(19)分解粽角榫实体。单击特征工具栏中的 ▣ (移动/复制实体)工具,在图形区域中选择"Z 木条",接着选择坐标 Z 轴显示控标,进行拖拽,如图 4-24 所示。单击 ✔ "确定"按钮完成 Z 木条的移动,用同样的方法对 Y 木条进行移动,如图 4-25 所示。

(20)单击标准工具栏中 ▤ (保存)工具,取名为"粽角榫.sldprt"。

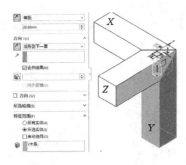

图 4-23　凸台-拉伸 8 特征

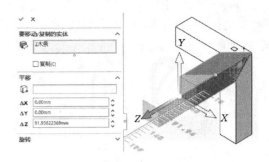

图 4-24　移动 Z 木条

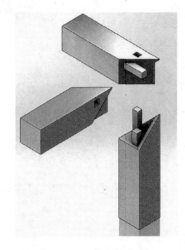

图 4-25　分解粽角榫

5 比里洛肥皂盒制作

比里洛肥皂盒（Birillo Soap Dish）出自意大利著名设计大师皮埃尔·里梭尼（Piero Lissoni）之手。产品造型简约时尚，矩形的形体配合圆润的边角让产品更加轻巧、自然，充分体现了"简约而不简单"的现代设计理念。

肥皂盒制作主要应用非对称圆角和随形阵列特征完成，具体步骤如下：

（1）单击标准工具栏中的 ▯（新建）工具，在弹出的"新建 SolidWorks 文件"浮动框中选择 ▥"零件"选项，单击"确定"按钮。

（2）在特征管理设计树中选择"上视基准面"，单击 ▢（草图绘制）工具绘制草图 1，单击 ▣（中心矩形）工具以草图原心为中心绘制边长为 108 mm 的正方形。单击特征工具栏中的 ▦（拉伸凸台/基体）工具，给定深度为 32 mm，单击 ✔"确定"按钮生成凸台-拉伸 1，如图 5-1 所示。

（3）单击特征工具栏中的 ▦（圆角）工具，选择圆角类型为 ▦"恒定大小圆角"，在图形区域中选择六面体的 4 条竖棱边，给定圆角半径为 54 mm，选择轮廓类型为"圆锥 RHO"，给定比例值为 0.5。单击 ✔"确定"按钮生成圆角 1 特征，如图 5-2 所示。

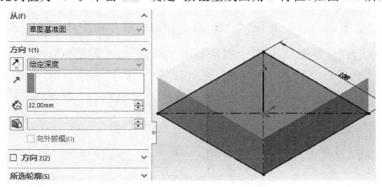

图 5-1 草图 1 与凸台-拉伸 1

（4）再次单击 ▦（圆角）工具，选择圆角类型为 ▦"恒定大小圆角"，在图形区域中选择实体的底边线，选择圆角参数为"非对称"，给定"距离 1"为 8 mm，"距离 2"为 20 mm，选择轮廓类型为"圆锥 RHO"，给定比例值为 0.5。单击 ✔"确定"按钮生成圆角 2 特征，如图 5-3 所示。

（5）单击特征工具栏中的 ▦（抽壳）工具，给定厚度为 3 mm，选择实体顶面为移除的面，单击 ✔"确定"按钮生成抽壳 1 特征，如图 5-4 所示。

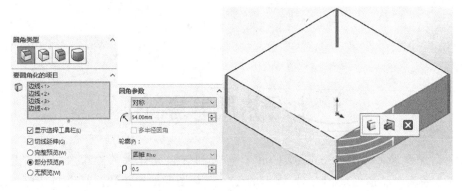

图 5-2　圆角 1

图 5-3　圆角 2　　　　　　　　　　　　　图 5-4　抽壳 1

(6) 单击扣合特征工具栏中的 （唇缘/凹槽）工具，在图形区域选择抽壳实体为凹槽实体，在凹槽选择栏下激活 "凹槽面"框，在图形区域中选择抽壳 1 实体的凸缘顶面；激活 "凹槽线"框，选择凸缘顶面的内边线；给定凹槽宽度 A 为 1.5 mm，凹槽拔模角度 B 为 3°，凹槽宽度 C 为 1 mm，单击 "确定"按钮生成凹槽 1 特征，如图 5-5 所示。

(7) 在特征管理设计树中选择"上视基准面"，单击 （草图绘制）工具绘制草图 2，在图形区域中右击选择凸缘顶面的内边线，在弹出菜单中选择"选择相切"命令，单击草图工具栏中的 （转换实体引用）工具。单击特征工具栏中的 （拉伸凸台/基体）工具，选择开始条件为"等距"，输入等距值为 32 mm；选择终止条件为"给定深度"，单击 "反向"按钮，给定深度为 1 mm，取消"合并结果"选择，单击 "确定"按钮生成凸台-拉伸 2 实体，如图 5-6 所示。

(8) 在图形区域选择凸台-拉伸 2 实体的顶面，单击 （草图绘制）工具绘制草图 3，选择顶面，单击草图绘制工具栏中的 （等距实体）工具，给定等距距离为 2 mm，选择"反向"和"偏移几何体"选项，单击 "确定"按钮生成等距构造线；单击 （边角矩形）工具绘制高为 3 mm 的矩形，添加矩形下角点与构造线的"重合"几何关系。单击 （智能尺寸）工具，选择矩形下边线与构造线下端点，给定尺寸为 1.8 mm，如图 5-7 所示。

(9) 单击特征工具栏中的 （拉伸切除）工具，选择终止条件为"完全贯穿"，在特征范围栏中取消"自动选项"，在图形区域中选择"凸台-拉伸 2"实体为受影响的实体，单击

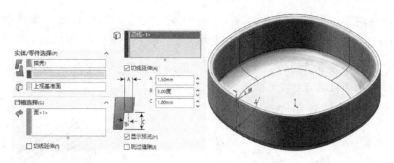

图 5-5 凹槽 1

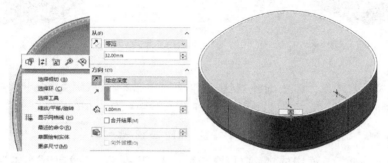

图 5-6 草图 2 与凸台-拉伸 2

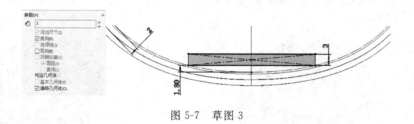

图 5-7 草图 3

"确定"按钮生成"切除-拉伸 1"特征,如图 5-8 所示。

(10) 单击特征工具栏中的 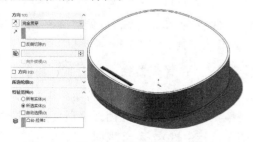 (圆角)工具,选择圆角类型为"完整圆角",参照图 5-9 所示依次选择切除-拉伸 1 的相邻三个面为"面组 1"、"中央面组"和"面组 2",单击 ✓ "确定"按钮生成圆角 3 特征。

图 5-8 切除-拉伸 1

图 5-9 圆角 3

(11) 以步骤〈10〉的方法生成圆角 4 特征,如图 5-10 所示。

(12) 在特征管理设计树中选择"切除-拉伸 1"选项,然后单击特征工具栏中的  (线

性阵列)工具,在图形区域中选择尺寸 1.8 mm 为阵列方向,选择"距离与实例数"选项,给定间距为 5.9 mm,实例数为 9;激活"要阵列的特征"选框,在图形区域的弹开设计树中选择"切除-拉伸 1"、"圆角 3"和"圆角 4"特征;选择"随形变化"选项,如图 5-11 所示,单击 ✔ "确定"按钮生成阵列(线性)1 特征。

  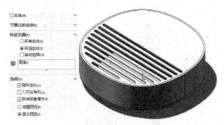

图 5-10　圆角 4　　　　　　　　　　　　图 5-11　阵列(线性)1

(13) 在特征管理设计树中选择"前视基准面",单击特征工具栏中的 ▶◀ (镜向)工具,激活"要镜向的特征"选框,在图形区域的弹开设计树中选择"切除-拉伸 1"和"阵列(线性)1"特征,单击 ✔ "确定"按钮生成镜向 1 特征,如图 5-12 所示。

(14) 单击特征工具栏中的 🐾 (移动/复制实体)工具,选择"镜向 1"实体为要移动的实体,取消"复制"选项,给定 Y 轴偏移距离为 20 mm,单击 ✔ "确定"按钮生成实体-移动/复制 1,如图 5-13 所示。

图 5-12　镜向 1　　　　　　　　　　　　图 5-13　实体-移动/复制 1

(15) 在特征管理设计树中选择"凹槽 1"实体选项,然后在 🔵 (外观、布景和贴图)任务窗口选择"外观"→"塑料"→"中等光泽",双击"奶油色中等光泽塑料"选项载入材质。继续在特征管理设计树中选择"实体-移动/复制 1"实体,然后在 🔵 (外观、布景和贴图)任务窗口选择"外观"→"金属"→"铝",双击"抛光铝"选项载入材质,如图 5-14 所示。

(16) 按下〈Ctrl+7〉键切换视图显示为"轴等侧"。在管理器栏中单击 🔵 (Display-Manager)→ 🔲 (查看布景、光源和相机)标签。右击 📷相机 选项,在下拉菜单中选择"添加相机"命令。在相机属性栏中选择"85 mm 远距摄像",接着,直接在图形区域使用快捷键调整照相机。提示:〈鼠标中键〉为实体旋转;〈Ctrl+鼠标中键〉为移动视图;〈Shift+鼠标中键〉为放大视图;〈Alt+鼠标中键〉为视图面旋转。单击 ✔ (确定)按钮添加"相机 1"。按下键盘〈空格〉键,显示视图浮动工具栏,选择 📷 相机1 "相机 1"视图。

(17) 在图形区域右侧任务窗口标签栏的 🔵 (外观、布景和贴图)按钮,弹出任务窗口,

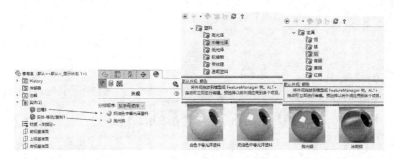

图 5-14 添加材质

依次选择" 布景 布景"→" 基本布景 基本布景",双击"柔光聚光灯"选项载入布景。

（18）在管理器栏中单击 （DisplayManager）→ （查看布景、光源和相机）标签。右击"PhotoView 360 光源"→"线光源 1"选项,在弹出菜单中选择"在 PhotoView 360 中打开"命令。双击"线光源 1"选项显示属性栏,选择"阴影"选项,修改阴影柔和度为 4°,如图 5-15所示。

（19）单击渲染工具栏中的 （选项）工具,选择"输出图像大小"为"1024＊768";"最终渲染品质"为"最佳",单击 （确定）按钮完成渲染设置。接着,单击渲染工具栏中的 （最终渲染）工具启动 PhotoView 360 窗口渲染,渲染结果如图 5-16 所示。

（20）单击标准工具栏中 （保存）工具,取名为"比里洛肥皂盒.sldprt"。

图 5-15 设置线光源 1

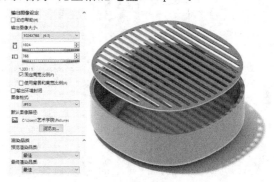

图 5-16 渲染效果

6　蒜头容器制作

蒜头容器制作主要应用旋转、非对称圆角、圆周阵列等工具进行操作。具体步骤如下：

(1) 单击标准工具栏中的 ▯（新建）工具，在弹出的"新建 SolidWorks 文件"浮动框中选择 ▧"零件"选项，单击"确定"按钮。

(2) 在特征管理设计树中选择"前视基准面"，单击 ▯（草图绘制）工具绘制草图 1，如图 6-1 所示，应用 ✎（中心线）、╱（直线）和 ▯（样条曲线）工具绘制形体，接着单击 ▦（水平尺寸链）或 ▤（竖直尺寸链）工具以草图原点为基准点完全定义草图。

(3) 单击特征工具栏中的 ▧（旋转凸台/基体）工具，选择过草图原点的竖直中心线为旋转轴，给定旋转角度为 22.5°，单击 ✔（确定）按钮生成旋转 1 特征，如图 6-2 所示。

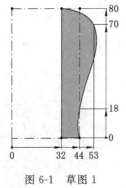

图 6-1　草图 1

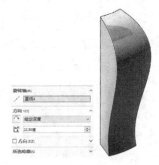

图 6-2　旋转 1

(4) 单击特征工具栏中的 ▧（圆角）工具，选择 ▧"恒定大小圆角"类型，在图形区域中选择左侧曲面边线；接着在圆角参数栏下，选择圆角方法为"非对称"，给定距离 1 半径为 10 mm，距离 2 半径为 2 mm，单击 ✔（确定）按钮生成圆角 1 特征，如图 6-3 所示。

(5) 选择"前视基准面"，单击特征工具栏中的 ▯▯（镜像）工具，激活"要镜像的实体"选框，在图形区域中选择圆角 1 实体，选择"合并实体"，单击 ✔（确定）按钮生成镜像 1 特征，如图 6-4 所示。

(6) 单击 ▧（抽壳）工具，给定厚度为 3 mm，在图形区域选择除①、②、③（图 6-4）以外的 4 个平面为"要移除的面"，单击 ✔（确定）按钮生成抽壳 1 特征，如图 6-5 所示。

(7) 单击菜单栏"视图"→"隐藏/显示"→"临时轴"命令，单击特征工具栏中的 ▧（圆周阵列）工具，选择"临时轴"为阵列轴，选择"等间距"类型，给定角度为 360°，实例数为 8；激活"实体"栏，在图形区域中选择"抽壳 1"实体为要阵列的实体。单击 ✔（确定）按钮生成阵列(圆周)1特征,如图6-6所示。

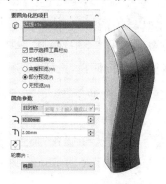

图6-3 非对称圆角

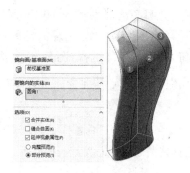

图6-4 镜像1实体

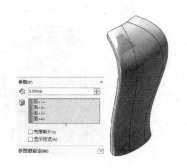

图6-5 抽壳1

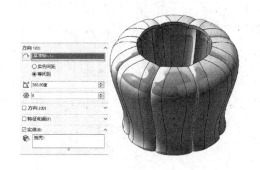

图6-6 阵列(圆周)1

(8)隐藏临时轴,单击特征工具栏中的 (组合)工具,选择"添加"操作类型,在图形区域中选择所有的实体,单击 (确定)按钮生成组合1。

(9)单击特征工具栏中的 (圆角)工具,选择 "恒定大小圆角"类型,在图形区域中选择容器内部的8条凸边线,给定半径为7 mm,单击 (确定)按钮生成圆角2特征,如图6-7所示。继续使用 (圆角)工具,给定半径为2 mm,选择容器外部①~⑧的8条凹边线,如图6-8所示,单击 (确定)按钮生成圆角3特征。

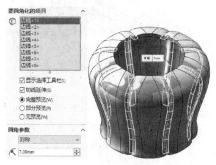

图6-7 圆角2

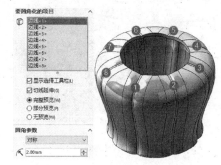

图6-8 圆角3

（10）选择"上视基准面"，单击 ▢（草图绘制）工具绘制草图 2，单击 ◉（圆）工具，以草图原点为圆心绘制直径为 70 mm 的圆。单击特征工具栏中的 🗐（拉伸凸台/基体）工具，选择开始条件为"等距"，输入等距值为 88 mm；选择终止条件为"形成到实体"，单击"反向"按钮，在图形区域选择"圆角 3"实体为终止对象；展开薄壁特征栏，选择"单项"类型，单击"反向"按钮，给定厚度为 3 mm，单击 ✔（确定）按钮生成拉伸-薄壁 1 特征，如图 6-9 所示。

（11）单击特征工具栏中的 🗐（圆角）工具，选择 🗐"恒定大小圆角"类型，在图形区域中选择内外①、②边线，选择"多半径圆角"选项，给定内边线①半径为 7 mm，外边线②半径为 2 mm，如图 6-10 所示，单击 ✔（确定）按钮生成圆角 4 特征。

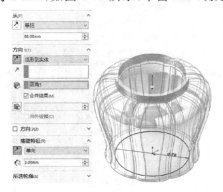

图 6-9　拉伸-薄壁 1

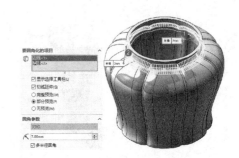

图 6-10　圆角 4

（12）再次单击 🗐（圆角）工具，选择 🗐"完整圆角"类型，在图形区域中选择薄壁外壁①为"面组 1"，选择缘口②为"中央面组"，选择内壁③为"面组 2"，如图 6-11 所示，单击 ✔（确定）按钮生成圆角 5 特征。

（13）单击特征工具栏中的 🗐（使用曲面切除）工具，展开图形区域左上角设计树，选择"前视基准面"为切除面，单击 ↗"反向"按钮，单击 ✔（确定）按钮生成使用曲面切除 1 特征，如图 6-12 所示。

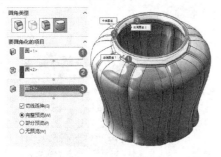

图 6-11　圆角 5

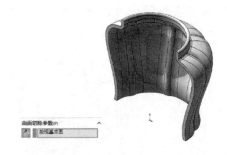

图 6-12　使用曲面切除 1

（14）选择"前视基准面"，单击 ▢（草图绘制）工具绘制草图 3，单击 ╱（直线）工具绘制距离草图原点上方 3 mm 的水平线段。单击特征工具栏中的 （筋）特征，选择厚度类型为"两侧"，给定筋厚度为 3 mm；选择拉伸方向为 ◈ "垂直于草图"，选择"反转材料方向"选项，单击 ✔（确定）按钮生成筋 1 特征，如图 6-13 所示。

（15）选择"前视基准面"，单击特征工具栏中的 ▶◀（镜像）工具，激活"要镜像的实体"选框，在图形区域中选择筋 1 实体，选择"合并实体"，单击 ✔（确定）按钮生成镜像 2 特征，如图 6-14 所示。

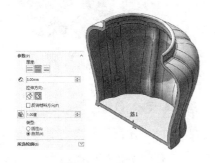

图 6-13　筋 1 特征

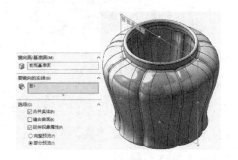

图 6-14　镜像 2 特征

（16）选择"前视基准面"，单击 └ （草图绘制）工具绘制草图 4，按〈Ctrl＋8〉组合键切换视图为正视，单击 ⊙（圆）工具绘制两个直径均为 17 mm 的圆，添加圆心与草图原点 │ "竖直"几何关系，单击 ᚒ（竖直尺寸链）工具以草图原点为基准点完全定义草图，如图 6-15 所示。

（17）单击特征工具栏中的 ▣（拉伸切除）工具，选择终止条件为"完全贯穿"，单击 ✔（确定）按钮生成切除-拉伸 1 特征，如图 6-16 所示。

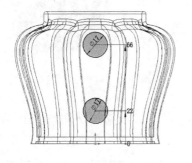

图 6-15　草图 4

图 6-16　切除-拉伸 1

（18）单击特征工具栏中的 ▦（圆周阵列）工具，选择容器薄壁口的圆环面为阵列轴，选择"等间距"类型，给定角度为 360°，实例数为 4；选择"拉伸-切除 1"特征为要阵列的特征。单击 ✔（确定）按钮生成阵列（圆周）2 特征，如图 6-17 所示。

（19）显示临时轴，单击参考几何体工具栏中的 ▤（基准面）工具，选择临时轴为第一参考,选择"右视基准面"为第二参考,给定 旋转角度为 45°,单击 ✔ (确定)按钮生成基准面 1,如图 6-18 所示。

图 6-17 阵列(圆周)2 特征   图 6-18 基准面 1

(20) 选择"基准面 1",单击 ▭ (草图绘制)工具绘制草图 5,单击 ◉ (圆)工具绘制一个直径为 17 mm,距离草图圆心为 42 mm 的圆,添加圆心与草图原点 │ "竖直"几何关系。单击特征工具栏中的 ▣ (拉伸切除)工具,选择终止条件为"完全贯穿",单击 ✔ (确定)按钮生成切除-拉伸 2 特征,如图 6-19 所示。

(21) 单击特征工具栏中的 ▨ (圆周阵列)工具,选择容器薄壁口的圆环面为阵列轴,选择"等间距"类型,给定角度为 360°,实例数为 4;选择"拉伸-切除 2"特征为要阵列的特征。单击 ✔ (确定)按钮生成阵列(圆周)3 特征,如图 6-20 所示。

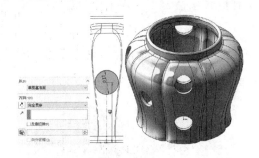
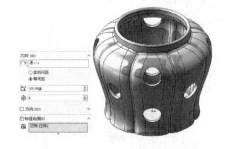

图 6-19 草图 5 与切除-拉伸 2   图 6-20 阵列(圆周)3

(22) 单击图形区域右侧任务窗口标签栏的 ◉ (外观、布景和贴图)按钮,选择"外观"→"石材"→"粗陶瓷",双击"瓷器"选项载入材质。接下来,在图形区域左侧的渲染管理器中双击"瓷器"选项,修改颜色为灰色,单击 ✔ (确定)按钮完成材质修改。在管理器栏中单击 ◉ (DisplayManager)→ ▨ (查看布景、光源和相机)标签,右击"PhotoView 360 光源"→"线光源 1"选项,在弹出菜单中选择"在 PhotoView 360 中打开"命令,单击渲染工具栏中的 ◉ (最终渲染)工具,渲染效果如图 6-21 所示。

(23) 单击标准工具栏中的 🖫 (保存)工具,取名为"蒜头容器.sldprt"。

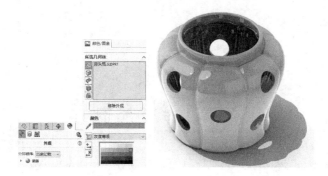

图 6-21　渲染效果

7 手动榨汁器制作

手动榨汁器(Citrus squeeze)出自"80后"设计新锐 Roland Kreiter 之手,由阿莱西公司生产,如图7-1所示。Roland Kreiter,出生于罗马尼亚,成长于德国,在德国达姆施塔特城学习工业设计,曾经在巴黎参加过为期5个月的菲利普·斯塔克(Philippe Starck)设计训练营。Roland Kreiter 的设计风格简约、现代、情感细腻,产品具有打动人心的情愫。

图 7-1 手动榨汁器

手动榨汁器制作主要应用实体扫描切除特征完成。

(1) 单击标准工具栏中的 ▢ (新建)工具,在弹出的"新建 SolidWorks 文件"浮动框中选择 ▧ "零件"选项,单击"确定"按钮。

(2) 在特征管理设计树中选择"前视基准面",单击 ▢ (草图绘制)工具绘制草图1,单击 ⟋ (直线)工具,参照图7-2所示以草图原点为起点绘制连续线段和圆弧,注意直线与圆弧的转换方法:单击鼠标左键确定直线终点;接着,移出鼠标指针再回到终点,再移出鼠标指针时即为绘制圆弧。按住〈Ctrl〉键选择小圆弧圆心与水平直线,添加 ⟋ (重合)几何关系;单击 ⟋ (智能尺寸)工具标注尺寸,确保图形完全定义。

(3) 单击特征工具栏中的 ▧ (旋转凸台/基体)工具,在图形区域选择水平线为 ⟋ 旋转轴,给定旋转角度为360°,单击 ✔ (确定)按钮生成旋转1,如图7-3所示。

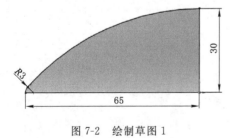

图 7-2 绘制草图 1

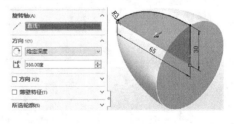

图 7-3 旋转 1

(4) 选择"前视基准面",单击 ▢ (草图绘制)工具绘制草图2,单击 ⟋ (直线)工具,如图7-4所示以草图原点为起点绘制连续线段和圆弧,单击 ⟋ (智能尺寸)工具标注尺寸,确保图形完全定义。单击特征工具栏中的 （旋转切除）工具,选择水平线为 旋转轴,给定旋转角度为360°,单击 （确定）按钮生成切除-旋转1,如图7-5所示。

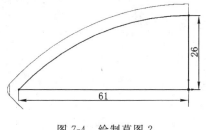

图7-4　绘制草图2

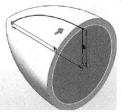

图7-5　切除-旋转1

（5）选择"右视基准面",单击 （草图绘制）工具绘制草图3,使用 （中心线）、 （智能尺寸）工具过草图原点绘制竖直线段和夹角为17°的斜线;接着,单击 （直线）工具,如图7-6所示以斜线与实体边线的交叉点为起点绘制连续线段和圆弧,按住〈Ctrl〉键选择圆弧圆心与竖直直线,添加 （重合）几何关系;单击 （智能尺寸）工具标注尺寸,确保图形完全定义。

（6）单击 （旋转凸台/基体）工具,选择竖直中心线为 旋转轴,给定旋转角度为360°,取消"合并结果"选项,单击 （确定）按钮生成旋转2实体,如图7-7所示。

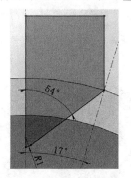

图7-6　绘制草图3

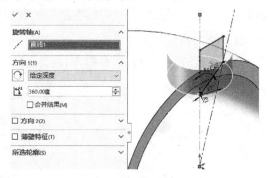

图7-7　旋转2

（7）在特征管理设计树中选择"草图3",单击关联工具栏中 （显示）工具;接下来,选择"前视基准面",单击 （草图绘制）工具绘制草图4,单击 （中心线）,如图7-8所示以草图原点为起点绘制连续线段和圆弧,选择圆弧单击 （构造几何线）工具使其为实线,单击 （智能尺寸）工具标注圆弧左端点与草图原点的距离为68 mm,按〈Ctrl＋7〉快捷键切换视图为轴视图;接着,按住〈Ctrl〉键选择圆弧右端点和草图3的底端点,添加 （重合）几何关系,使图形完全定义。

（8）单击特征工具栏中的 （扫描切除）工具,选择轮廓与路径类型为"实体轮廓",接着在图形区域中选"旋转2"实体为 "工具实体",选择"草图4"为 "路径",单击 （确定）按钮生成切除-扫描1,如图7-9所示。

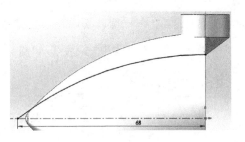

图 7-8　绘制草图 4

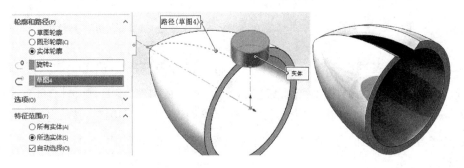

图 7-9　生成切除-扫描 1 特征

（9）单击菜单栏中的"视图"→"隐藏/显示"→"临时轴"命令，显示临时轴；单击特征工具栏中的 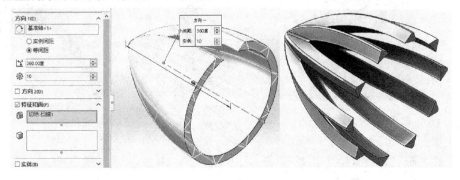（圆周阵列）工具，在图形区域中选择"临时轴"为阵列轴；接着，指定阵列类型为"等间距"，给定阵列数为 10，选择"切除-扫描 1"特征为 "要阵列的特征"；单击 （确定）按钮生成阵列（圆周）1，如图 7-10 所示。

图 7-10　阵列（圆周）1 特征

（10）在特征管理设计树中选择"右视基准面"，单击特征工具栏中的 （镜像）工具，激活"要镜像的实体"选框，在图形区域中选择阵列实体。单击 （确定）按钮生成镜像 1 实体，如图 7-11 所示。

（11）单击特征工具栏中的 （弯曲）工具，选择操作类型为"扭曲"，接着在图形区域选择整个实体；给定扭曲角度为 70°，修改 X 和 Y 旋转角度为 0；单击 （确定）按钮生成弯曲 1 实体，如图 7-12 所示。注意：在 SolidWorks 的弯曲操作中，容易造成曲面叠错引发实

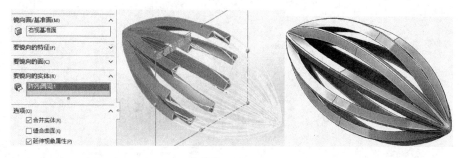

图 7-11 镜像 1

体面丢失的现象,此时应用 ⊞(使用曲面切除)工具对其操作检测,如发生错误表示实体面丢失。解决方法为:增加弯曲选项栏中的弯曲精度。单击标准工具栏中的 🖫(保存)工具,取名为"手动榨汁器.sldprt"。

(12)按〈Ctrl+1〉快捷键切换视图为"前视"。在管理器栏中单击 ⚫ DisplayManager →
🔲(查看布景、光源和相机)标签。右击 [相机] 选项,在下拉菜单中选择"添加相机"命令;接着,直接在图形区域使用快捷键调整照相机,单击 ✓(确定)按钮生成照相机 1。接下来,单击图形区域右侧任务窗口标签栏的 🔲(外观、布景和贴图)按钮,弹出任务窗口,依次选择"布景"→"基本布景"→"柔光罩",双击"柔光罩"选项载入此布景,继续选择"外观"→"金属"→"镀铬",双击"镀铬"选项载入此材质。最后,进行渲染,如图 7-13 所示。

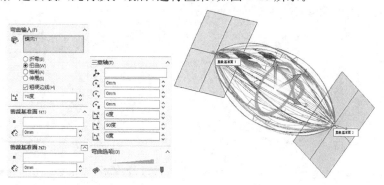

图 7-12 扭曲操作

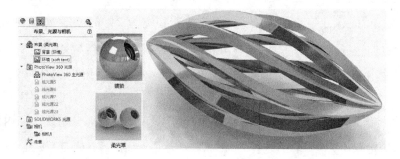

图 7-13 渲染效果

8 环形金属篮制作

环形金属篮(Citrus Basket)出自意大利阿莱西公司,环形线条的组合让产品兼顾使用功能和构成韵律之美。其制作主要应用 3D 曲线和圆周阵列工具完成,具体步骤如下:

(1) 单击标准工具栏中的 ⬜(新建)工具,在弹出的"新建 SolidWorks 文件"浮动框中选择 🔩 "零件"选项,单击"确定"按钮。

(2) 选择"上视基准面",单击 ⬜(草图绘制)工具绘制草图 1,单击 ⊙(圆)工具以草图原点为圆心绘制直径为 540 mm 的圆。单击特征工具栏中的 🔲(拉伸凸台/基体)工具,给定深度为 20 mm,单击 ✓(确定)按钮生成凸台-拉伸 1 特征,如图 8-1 所示。

(3) 在图形区域选择实体上端面,单击 ⬜(草图绘制)工具绘制草图 2,保持面的选择,单击 🔲(转换实体引用)工具。单击特征工具栏中的 🔲(拉伸凸台/基体)工具,给定深度为 60 mm,单击 🔲 "拔模开/关"按钮,给定拔模角度为 20°,单击 ✓(确定)按钮生成凸台-拉伸 2 特征,如图 8-2 所示。

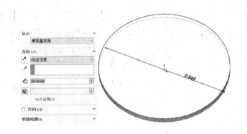 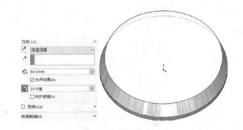

图 8-1 草图 1 与凸台-拉伸 1　　　　　图 8-2 草图 2 与凸台-拉伸 2

(4) 在图形区域选择"凸台-拉伸 2"特征上端面,单击 ⬜(草图绘制)工具绘制草图 3,保持面的选择,单击 ⬜(等距实体)工具,给定等距距离为 24 mm,选择"反向"选项。单击曲线工具栏中的 🔲(分割线)工具,选择分割类型为"投影",选择"草图 3"为 ⬜ 要投影的草图,选择实体上端面为 🔲 要分割的面,单击 ✓(确定)按钮生成分割线 1,如图 8-3 所示。

(5) 单击特征工具栏中的 🔲(圆顶)工具,在图形区域中选择分割线 1 以内的面为 🔲 到圆顶的面,给定距离为 40 mm,选择"椭圆圆顶"选项,单击 ✓(确定)按钮生成圆顶 1,如图 8-4 所示。

(6) 选择"上视基准面",单击 🔲(基准面)工具,给定偏移距离为 690 mm,单击 ✓

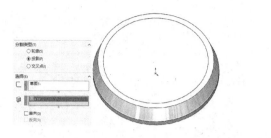

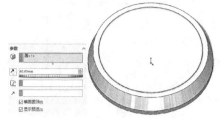

图 8-3 分割线 1　　　　　　　　　　　图 8-4 圆顶 1

（确定）按钮生成基准面 1。保持"基准面 1"的选择，单击 ▢（草图绘制）工具绘制草图 4，单击 ◉（圆）工具以草图原点为圆心绘制直径为 680 mm 的圆。单击特征工具栏中的 ✐（扫描）工具，选择轮廓与路径类型为"圆形轮廓"，选择"草图 4"为 ◗ 路径，给定直径为 26 mm，单击 ✔（确定）按钮生成扫描 1，如图 8-5 所示。

（7）选择"前视基准面"，单击 ▢（草图绘制）工具绘制草图 5，如图 8-6 所示，应用 ⟋（中心线）、╱（直线）、◠（3 点圆弧）和 ◥（智能尺寸）工具绘制连续线段，按住〈Ctrl〉键选择圆弧和直线，添加 ◔ "相切"几何关系。

（8）单击曲面工具栏中的 ◉（旋转曲面）工具，选择过草图原点的竖直中心线为旋转轴，选择类型为"两侧对称"，给定角度为 18°，单击 ✔（确定）按钮生成曲面-旋转 1，如图 8-7 所示。

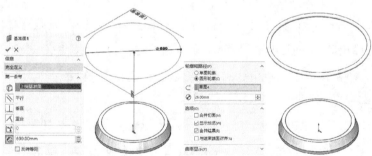

图 8-5 基准面 1、草图 4 与扫描 1

（9）隐藏"圆顶 1"实体，单击曲面工具栏中的 ◈（直纹曲面）工具，选择类型为"扫描"，给定距离为 30 mm，激活"参考向量"选框，在图形区域的弹开设计树中选择"上视基准面"，单击 ◢ "反向"按钮；激活"边线"选框，在图形区域中选择"曲面-旋转 1"的底边线，单击 ✔（确定）按钮生成直纹曲面 1，如图 8-8 所示。

（10）单击曲面工具栏中的 ⧉（缝合曲面）工具，选择"曲面-旋转 1"和"直纹曲面 1"为要缝合的曲面，单击 ✔（确定）按钮生成缝合曲面 1，如图 8-9 所示。

（11）单击曲面工具栏中的 ◈（圆角）工具，选择曲面相交边线，给定半径为 15 mm，单

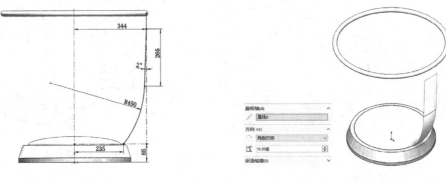

图 8-6　草图 5　　　　　　　　　　　　　　图 8-7　曲面-旋转 1

击 ✓ (确定)按钮生成圆角 1,如图 8-10 所示。

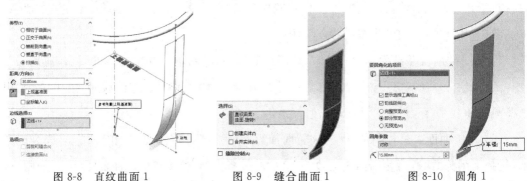

图 8-8　直纹曲面 1　　　　图 8-9　缝合曲面 1　　　　图 8-10　圆角 1

(12) 单击 ⬚ (3D 草图)工具绘制 3D 草图 1,选择"圆角 1"曲面的两侧边线(方法:右击一条边线,在弹出菜单中选择"选择相切"命令选择左侧边线,按住〈Ctrl〉键重复此操作选择另一侧边线),单击草图工具栏中的 ⬚ (转换实体引用)工具;单击 ⤵ (相切弧)工具连接引用线段的上端点,如图 8-11 所示。

(13) 单击特征工具栏中的 🖉 (扫描)工具,选择轮廓与路径类型为"圆形轮廓",选择"3D 草图 1"为 ⟳ 路径,给定直径为 13 mm,取消"合并结果"选项,单击 ✓ (确定)按钮生成扫描 2,如图 8-12 所示。

(14) 在特征管理设计树中选择"圆角 1"曲面,在关联工具栏中选择 🚫 (隐藏)工具,显示"圆顶 1"实体。在视图显示栏中的开启 ▨ (观阅临时轴)工具,单击特征工具栏中的 🔧 (圆周阵列)工具,选择过草图原点的竖直临时轴为旋转轴,选择类型为"等间距",给定 🔄 角度为 360°, ✳ 实例数为 10;激活"要阵列的实体"框,在图形区域选择"扫描 2"实体,单击 ✓ (确定)按钮生成阵列(圆周)1,如图 8-13 所示。

(15) 单击图形区域右侧任务窗口标签栏的 🔵 (外观、布景和贴图)按钮,弹出任务窗口,依次选择"布景"→"基本布景"→"柔光罩",双击"柔光罩"选项载入此布景;继续选择"外观"→"金属"→"镀铬",双击"镀铬"选项载入材质;添加相机。渲染效果如图 8-14 所示。

（16）单击标准工具栏中 ▣ （保存）工具，取名为"金属水果篮.sldprt"。

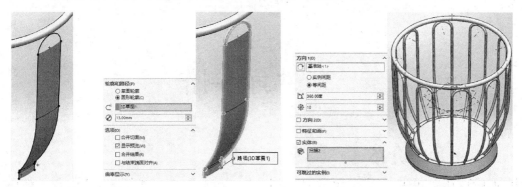

图 8-11　3D 草图 1　　　　　图 8-12　扫描 2　　　　　图 8-13　阵列（圆周）1

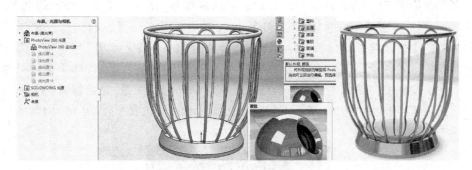

图 8-14　渲染效果

9　牛角灯制作

9.1　牛角灯介绍

牛角灯(Flos Ara)是菲利普·斯塔克(Philippe Starck)20世纪80年代末的作品,是他和意大利知名品牌 Flos 合作的第一个灯款。利落的线条、亮银的肌理和精致的细节,让这款灯饰显得个性十足又质感极佳,开关灯的方式则是斯塔克一贯性的幽默手法带来的惊喜——牛角向上拨动是开灯,向下则是关灯,纯粹而有趣的一件艺术品。菲利浦·斯塔克将诙谐和幽默放进这件产品,成为这件产品的核心。在海报中调皮的设计师手拿两只铮亮的牛角灯放在头的两侧扮演公牛(图9-1),展现人和产品之间的关系,也通过这种关系传达出了情感化的因素,消费者对这件产品不禁会有一股发自内心的微笑,逗乐的、幽默的因素开始由产品中传达出来。

图 9-1

9.2　牛角灯制作过程

牛角灯制作主要应用 (扫描)特征完成。

(1)单击标准工具栏中的 (新建)工具,在弹出的"新建 SolidWorks 文件"浮动框中选择 "零件"选项,单击"确定"按钮。

(2)绘制牛角灯罩侧影轮廓。在特征管理设计树中选择"前视基准面",单击 (草图绘制)工具绘制草图 1,单击 ![中心线] (中心线)工具过草图原点绘制竖直线段,单击 ![3点圆弧] (3 点圆弧)工具以草图原点为起点绘制顶圆弧,使用 ![智能尺寸] (智能尺寸)工具给定尺寸为 300 mm,按住 〈Ctrl〉键选择中心线和圆弧圆心,在关联工具栏中单击 ![重合] (重合)几何关系。单击 ![3点圆弧] (3 点圆弧)工具参照图 9-2 绘制底圆弧,给定半径为 255 mm,添加圆心与中心线 ![重合] (重合)几何关系。使用 ![直线] (直线)工具连接两圆弧右侧端点,确保直线 ![竖直] (竖直)几何关系,给定尺寸为 80 mm。再次单击 ![3点圆弧] (3 点圆弧)工具以直线中点为起点绘制中间圆弧,同样添加圆心与中心线 ![重合] (重合)几何关系。单击图形区域右上角的 ![确定] (确定)按钮结束草图 1 的绘制。单击标准工具栏中 ![保存] (保存)工具,取名"牛角灯.sldprt"。

(3) 绘制牛角灯罩截面。选择"右视基准面",单击 ![草图绘制] (草图绘制)工具绘制草图 2,按 〈Ctrl+7〉组合键切换视图为"等轴测"显示。单击 ![圆] (圆)工具,在图形区域任意处绘制 圆。单击 ![分割实体] (分割实体)工具,依次选择圆的上、下象限点进行分割,如图 9-3 所示。按住 〈Ctrl〉键选择圆心和草图 1 的中间圆弧,在关联工具栏中单击 ![使穿透] (使穿透)几何关系;再次 按住〈Ctrl〉键选择"上"分割点与草图 1 的顶圆弧,在关联工具栏中单击 ![使穿透] (使穿透)几何关 系,使草图 2 完全定义,如图 4 所示。单击图形区域右上角的 ![确定] (确定)按钮结束草图 2 的 绘制。

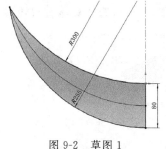

图 9-2　草图 1

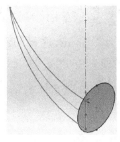

图 9-3　绘制圆

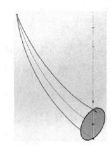

图 9-4　草图 2

(4) 保持"等轴测"显示,单击特征工具栏中的 ![扫描] (扫描)工具,在图形区域中选择"草 图 2"为 ![轮廓] 轮廓,接着选择草图 1 的中间圆弧,此时系统显示 SelectionManager 选择工具 栏,如图 9-5 所示,单击命令栏右上角的 ![图钉] "图钉"图标锁定命令栏,单击命令栏中 ![确定] (确 定)按钮完成 ![路径] 路径的选择。展开"引导线"选项栏,在图形区域中选择"草图 1"的顶圆 弧,单击命令栏中 ![确定] (确定)按钮完成 ![引导线] 引导线的选择,如图 9-6 所示。单击属性工具栏 中的 ![确定] (确定)按钮生成扫描 1,如图 9-7 所示。

(5) 在特征管理设计树中选择"前视基准面",单击 ![草图绘制] (草图绘制)工具绘制草图 3,使 用 ![直线] (直线)、![中心线] (中心线)和 ![智能尺寸] (智能尺寸)工具参照图 9-8 绘制草图形体。接着,单击 特征工具栏中 ![拉伸切除] (拉伸切除)工具,选择终止条件为完全贯穿－两侧;单击的 ![确定] (确定)按钮生成切除-拉伸 1,如图 9-9 所示。

图 9-5　选择管理命令栏　　　　图 9-6　选择引导线　　　　图 9-7　扫描 1

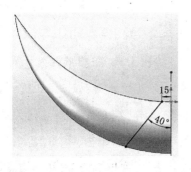

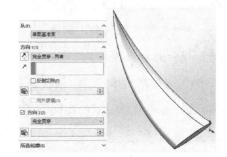

图 9-8　草图 3　　　　　　　　　　　　图 9-9　切除-拉伸 1

(6) 再次选择"前视基准面",单击 □(草图绘制)工具绘制草图 4,选择实体右端边线,
单击 □(等距实体)工具,给定距离为 10 mm,选择"反向"复选项,单击属性栏 ✓(确定)
按钮生成等距线段,拖拽线段下端点使其穿过实体,如图 9-10 所示;单击曲线工具栏中的
□(分割线)工具,在图形区域中选择牛角形实体的前后面,单击确定 ✓(确定)按钮生成
分割线 1,如图 9-11 所示。

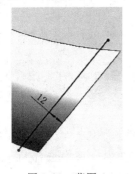

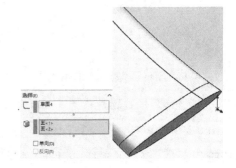

图 9-10　草图 4　　　　　　　　　　　　图 9-11　分割线 1

(7) 单击特征工具栏中的 □(扫描切除)工具,选择"轮廓与路径"类型为圆形轮廓;确
保"选择管理"命令栏被锁定,接着在图形区域中选择两面的分割线,单击命令栏的中 ✓
(确定)按钮完成 □ 路径的选择,给定直径为 4 mm,单击属性工具栏中的 ✓(确定)按钮
生成扫描-切除 1,如图 9-12 所示。

(8) 在特征管理设计树中选择"上视基准面",单击 （基准面）工具,给定偏移距离为 430 mm;选择"反转等距"选项,单击属性栏 ✓（确定）按钮生成基准面 1,如图 9-13 所示;保持基准面 1 的选择,单击 （草图绘制）工具绘制草图 5,使用 （圆）和 （智能尺寸）工具参照图 9-14 绘制草图形体。

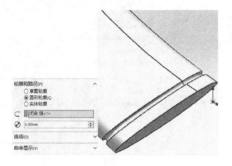

图 9-12　扫描-切除 1 特征

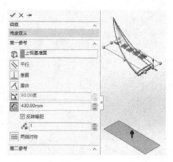

图 9-13　基准面 1

(9)单击特征工具栏中的 （拉伸凸台/基体）工具,给定深度为 5 mm,单击属性栏 ✓（确定）按钮生成凸台-拉伸 1 实体;在图形区域中选"凸台-拉伸 1"实体的上端面,单击特征工具栏中的 （圆顶）工具,给定距离为 15 mm,单击属性栏 ✓（确定）按钮生成圆顶 1,如图 9-15 所示。

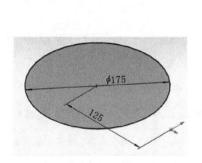

图 9-14　草图 5

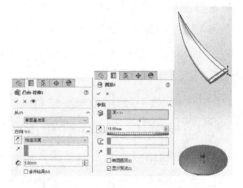

图 9-15　凸台-拉伸 1 与圆顶 1

(10) 在特征管理设计树中选择"前视基准面",单击 （草图绘制）工具绘制草图 6,使用 （中心线）、（直线）和 （智能尺寸）工具参照图 9-16 绘制草图形体;单击图形区域右上角的 （确定）按钮结束草图 6 的绘制。在图形区域中选择牛角灯底座的底面,单击 （草图绘制）工具绘制草图 7,单击 （圆）工具,以底座中心为圆心绘制直径为 23 mm 的圆,如图 9-17 所示。

(11) 单击特征工具栏中的 （拉伸凸台-基体）工具,单击 （反向）按钮,选择终止条件为"形成到实体",接着在图形区域中选择牛角灯罩（即切除-扫描 1）实体。激活 拉伸方向选项框,并在图形区域中选择"草图 6"的直线段;单击 （拔模开/关）按钮,给定角度为 0.9°。单击属性栏 ✔ (确定)按钮生成凸台-拉伸 2,如图 9-18 所示。

(12)单击标准工具栏中 (另保存)工具,取名为"牛角灯-1.sldprt"。

图 9-16　草图 6

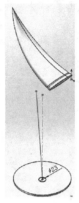

图 9-17　草图 7

图 9-18　凸台-拉伸 2

9.3　牛角灯修改与渲染

上述牛角灯制作步骤主要通过 🗗 (扫描)特征生成灯罩造型,但灯罩口在 📄 (拉伸切除)特征操作后呈椭圆端口,与实际的圆口造型不符,所以下面的操作将使用 🔔 (放样凸台/基体)工具生成牛角灯灯罩。

(1)单击标准工具栏中的 📂 (打开)工具,打开上述练习中步骤(2)保存的"牛角灯.sldprt"文件。

(2)在特征管理设计树中选择"草图 1",在关联工具栏中的选择 📝 (编辑草图)工具,使用 ✐ (直线)和 📏 (智能尺寸)工具参照图 9-19 修改草图 1。单击图形区域右上角的 ↳ (确定)按钮结束草图 1 的编辑。

(3)单击 📪 (基准面)工具,在图形区域中弹开设计树,选择"前视基准面"为"第一参考",单击 ⊥ "垂直"关系;接着,在图形区域中选择"草图 1"的 40°斜线段为"第二参考",单击 ⋏ "重合"关系,单击属性栏 ✔ (确定)按钮生成基准面 1,如图 9-20 所示。

(4)保持"基准面"选择,单击 ⊏ (草图绘制)工具绘制草图 2,按〈Ctrl+7〉组合键切换视图为"等轴测"显示。单击 ⊙ (圆)工具,在图形区域任意处绘制圆。单击 🖍 (分割实体)工具,依次选择圆的上下象限点进行分割,添加两分割点与圆心为"水平"关系;按住〈Ctrl〉键选择"上"分割点和草图 1 的顶圆弧,在关联工具栏中单击 📎 (使穿透)几何关系;再次按住〈Ctrl〉键选择"下"分割点与草图 1 的底圆弧,在关联工具栏中单击 📎 (使穿透)几何关系,使草图 2 完全定义,如图 9-21 所示。单击图形区域右上角的 ↳ (确定)按钮生成草图 2。

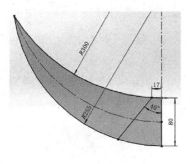

图 9-19 修改草图 1

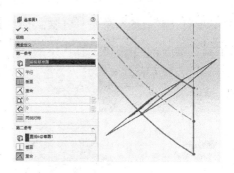

图 9-20 基准面 1

（5）单击草图工具栏中 3D（3D 草图）工具绘制 3D 草图，单击 （点）工具，点击草图 2 的左上端交叉点。单击图形区域右上角的 （确定）按钮生成 3D 草图 1，如图 9-21 所示。

（6）单击特征工具栏中的 （放样凸台/基体）工具，在图形区域中弹开设计树，选择 "草图 2" 和 "3D 草图 1" 为 轮廓（注意选择的顺序）；接着，激活引导线选项框，在图形区域中选择草图 1 的顶圆弧，单击选择管理工具栏中的 （确定）按钮，继续选择草图 1 的底圆弧，单击选择管理工具栏中的 （确定）按钮；单击属性栏 （确定）按钮生成放样 1，如图 9-22 所示。

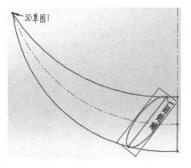

图 9-21 草图 2 与 3D 草图 1

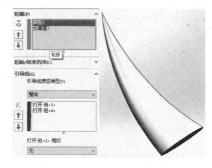

图 9-22 放样 1

（7）按照上节步骤（5）～步骤（12）的操作完成牛角灯其他部件的制作。

（8）切换视图显示为"前视"。在管理器栏中单击 DisplayManager→ （查看布景、光源和相机）标签。右击 相机 选项，在下拉菜单中选择"添加相机"命令。接着，直接在图形区域使用快捷键调整照相机，如图 9-23 所示。提示：〈鼠标中键〉为旋转视图；〈Ctrl＋鼠标中键〉为移动视图；〈Shift＋鼠标中键〉为放大视图。

（9）单击图形区域右侧任务窗口标签栏的 （外观、布景和贴图）按钮，弹出任务窗口，依次选择"布景"→"基本布景"→"柔光罩"，双击"柔光罩"选项载入此布景，继续选择"外观"→"金属"→"镀铬"，双击"镀铬"选项载入材质。

（10）单击渲染工具栏中的 （选项）工具，选择"输出图像大小"为"1024＊768"；"最终渲染品质"为"最佳",单击 ✓ (确定)按钮完成渲染设置。单击标准工具栏中的 ▦ (保存)工具。接着,单击渲染工具栏中的 ● (最终渲染)工具,启动 PhotoView 360 窗口渲染,结果如图 9-24 所示。

图 9-23　添加相机

图 9-24　渲染效果

10　瓦西里椅制作

瓦西里椅(Wassily Chair)是设计大师马塞尔·布劳耶(Marcel Lajos Breuer)于 1925 年设计的世界上第一把钢管皮革椅,为纪念他的老师瓦西里·康定斯基,取名"瓦西里椅",如图 10-1 所示。

瓦西里椅是对包豪斯信条"方块就是上帝"的完美诠释,其低调奢华的金属质感和简约大气的设计,备受全世界民众的欢迎。

瓦西里椅现由美国诺尔家具(Noll Furniture)生产,其中设计尺寸以英寸标注,官方网站提供的宽、深、高尺寸分别为 31 英寸、28.78 英寸、28.57 英寸。如果使用英寸为单位制作模型会较为麻烦:在数值框中键入"in"单位不仅让进程拖沓,修改起来也会有诸多不便。因此,下面的制作依然使用我们习惯的毫米单位进行标注,但尺寸上依然会保持原产品的经典比例。其中制作主要应用 3D 草图和曲线工具完成,具体操作步骤如下:

图 10-1　瓦西里椅

(1) 单击标准工具栏中的 ▯ (新建)工具,在弹出的"新建 SolidWorks 文件"浮动框中选择 ▨ "零件"选项,单击"确定"按钮。

(2) 在特征管理设计树中选择"右视基准面",单击 ▯ (草图绘制)工具绘制草图 1,单击 ▯ (边角矩形)工具,以草图原点为起点绘制 570(高) mm×630(宽) mm 的矩形。单击特征工具栏中的 ▨ (拉伸凸台/基体)工具,选择终止条件为"两侧对称",给定深度为 767 mm。单击 ✔ (确定)按钮生成拉伸 1,如图 10-2 所示。

(3) 选择"前视基准面",单击 ▯ (草图绘制)工具绘制草图 2,单击 ▯ (边角矩形)工具,沿实体上边线绘制 215(高) mm×480(宽) mm 的矩形。按〈Ctrl〉键选择矩形中心与草图原点,在关联工具栏中单击 ▮ (使竖直)几何关系。单击特征工具栏中的 ▨ (拉伸切除)工具,选择终止条件为"完全贯穿",单击 ↗ "反向"按钮。单击 ✔ (确定)按钮生成拉伸-切除 1,如图 10-3 所示。

(4) 单击特征工具栏中的 ▨ (圆角)工具,选择圆角类型为 ▨ "恒定大小圆角",在图形区域中选择实体侧边线①~⑥以及底边线⑦、⑧,给定半径为 40 mm,单击 ✔ (确定)按钮生圆角 1 特征,如图 10-4 所示。

(5) 在图形区域右击选择实体的竖直边线,在弹出菜单中选择"选择相切"命令,然后,

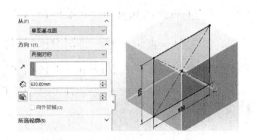

图 10-2　草图 1 与拉伸 1

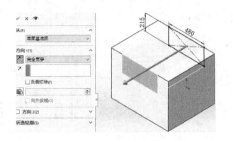

图 10-3　草图 2 与拉伸-切除 1

单击曲线工具栏中的 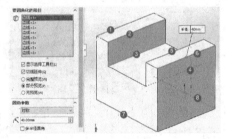 (组合曲线)工具，单击 ✔ (确定)按钮生圆组合曲线 1，如图 10-5 所示。

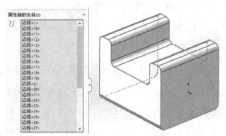

图 10-4　圆角特征

图 10-5　组合曲线 1

（6）单击特征工具栏中的 (删除/保留实体)工具，选择"删除实体"类型，接着选择圆角 1 实体，单击 ✔ (确定)按钮生成实体-删除/保留 1，如图 10-6(a)所示。单击特征工具栏中 (扫描)工具，选择轮廓与路径类型为"圆形轮廓"，在图形区域选择"组合曲线 1"为路径，给定直径为 20 mm，单击 ✔ (确定)按钮生成扫描 1，如图 10-6(b)所示。

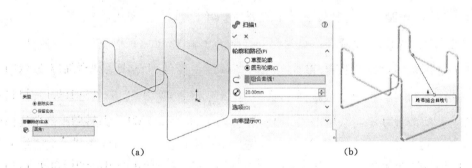

　　　　　　　　（a）　　　　　　　　　　　　　　　　　　（b）

图 10-6　实体-删除/保留 1 与扫描 1

（7）在特征管理设计树中选择"前视基准面"，单击 (草图绘制)工具绘制草图 3，按〈Ctrl＋8〉组合键切换正视，单击 (直线)工具，以实体最外侧的边线为起始绘制水平线段，与草图原点距离为 475 mm，如图 10-7(a)所示。单击特征工具栏中 (扫描)工具，选"圆形轮廓"类型，选择草图 3 为路径，给定直径为 20 mm，单击 ✔ (确定)按钮生成扫描 2，如图 10-7(b)所示。

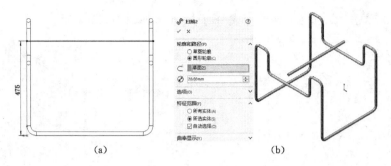

(a)   (b)

图 10-7　草图 3 与扫描 2

（8）单击特征工具栏中的 （移动/复制实体）工具，在图形区域中选择"扫描 2"实体为操作对象，给定 X 移动值为 363.5 mm，单击 ✔（确定）按钮生成实体-移动/复制 1，如图 10-8 所示。

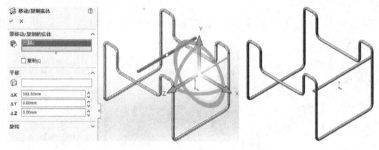

图 10-8　实体-移动/复制 1

（9）单击特征工具栏中的 （镜像）工具，选择"右视基准面"为镜像面，展开并激活要镜像的实体栏，在图形区域中选择"实体-移动/复制 1"，取消"合并结果"选择，单击 ✔（确定）按钮生成镜像 1，如图 10-9 所示。

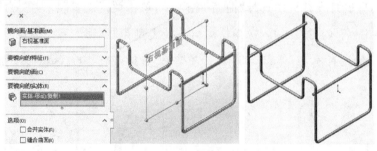

图 10-9　镜像 1

（10）在特征管理设计树中选择"右视基准面"，单击 （草图绘制）工具绘制草图 4，按〈Ctrl＋8〉组合键切换正视，使用 （直线）和 （智能尺寸）工具参照图 10-10 绘制线段，注意尺寸标注以草图原点为基点进行标注。

（11）单击曲面工具栏中的 （拉伸曲面）工具，选择终止条件为"两侧对称"，给定深度为 767 mm，单击 ✓ （确定）按钮生成曲面-拉伸 1，如图 10-11 所示。

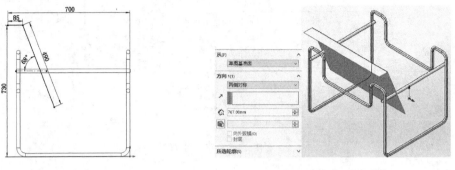

图 10-10　草图 4　　　　　　　　　　图 10-11　曲面-拉伸 1

（12）单击 3D （3D 草图）工具绘制 3D 草图 1，右键选择曲面的边线，在弹出命令栏中选择"选择开环"，单击草图工具栏中 ⬜ （转换实体引用）工具获取线段，接着单击 ⌐ （绘制圆角）工具，选择连续线段的所有交叉点，给定半径为 40 mm，单击 ✓ （确定）按钮生成草图圆角，如图 10-12 所示。

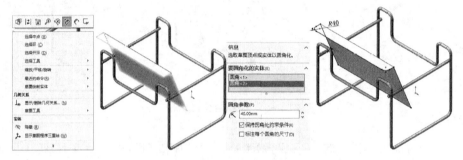

图 10-12　绘制 3D 草图 1

（13）在特征管理设计树中选择"曲面-拉伸 1"，单击关联工具栏的 ◈ （隐藏）工具，单击特征工具栏中 🖉 （扫描）工具，选择轮廓与路径类型为"圆形轮廓"，在图形区域选择 3D 草图 1 为路径，给定直径为 20 mm，取消"合并结果"选择，单击 ✓ （确定）按钮生成扫描 3，如图 10-13 所示。

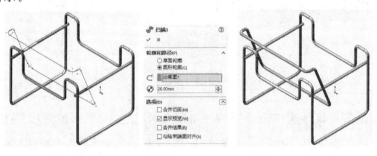

图 10-13　扫描 3

（14）选择"前视基准面"，单击 ▭（草图绘制）工具绘制草图 5，按〈Ctrl＋8〉组合键切换正视，单击 ▣（中心矩形）工具沿草图原点的竖直线为中心绘制宽为 500 mm 的矩形，单击特征工具栏中的 ▣（拉伸切除）工具，选择终止条件为"完全贯穿"，单击 ↗ "反向"按钮；接着，在特征范围栏中取消"自动选择"选项，然后选择"扫描 3"为受影响的实体。单击 ✔（确定）按钮切除-拉伸 2，如图 10-14 所示。

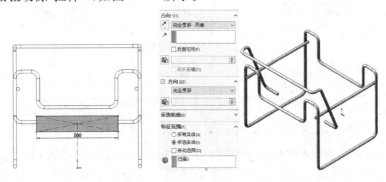

图 10-14　草图 5 与切除-拉伸 2

（15）在特征管理设计树中选择"右视基准面"，单击 ▭（草图绘制）工具绘制草图 6，按〈Ctrl＋8〉组合键切换正视，单击 ▦（框架图）工具。使用 ╱（直线）和 ◤（智能尺寸）工具参照图 10-15 绘制线段，其中右侧端点与最外侧的实体边线重合，线段与"扫描 3"截面圆心的距离为 20 mm。单击曲面工具栏中的 ◈（拉伸曲面）工具，选择终止条件为"两侧对称"，给定深度为 520 mm。单击 ✔（确定）按钮生成曲面-拉伸 2，如图 10-16 所示。

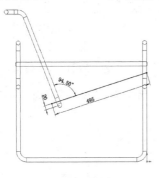

图 10-15　草图 6

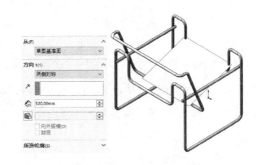

图 10-16　曲面-拉伸 2

（16）单击 ▣（带边线上色）工具，单击 ▣（3D 草图）工具绘制 3D 草图 2，单击 ▣（转换实体引用）工具，依次在图形区域中选择①～③的三条边线；单击 ╮（绘制圆角）工具，选择线段的两个交点，给定半径为 40 mm，单击 ✔（确定）按钮生成草图圆角，单击 ↰（确定）按钮完成 3D 草图 2 的绘制，如图 10-17 所示，隐藏曲面-拉伸 2。

（17）单击特征工具栏中 ✍（扫描）工具，选择"圆形轮廓"类型，选择"3D 草图 2"为路径，给定直径为 20 mm，取消"合并结果"选择，单击 ✔（确定）按钮生成扫描 4，如图 10-18

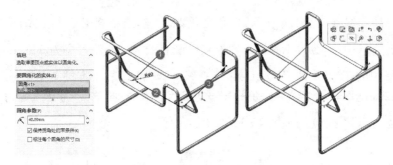

图 10-17　绘制 3D 草图 2

所示。

（18）在特征管理设计树中选择除"扫描 4"以外的所有实体进行隐藏，如图 10-19 所示。

（19）选择"扫描 4"的端面，单击 （草图绘制）工具绘制草图 7，单击 （中心线）工具以端面圆心为起点绘制水平线段，接着使用 （直线）、 （切线弧）和 （智能尺寸）工具参照图 10-20 所示绘制图形，注意以中心线为对称轴添加几何关系，其中圆弧与截面同心。

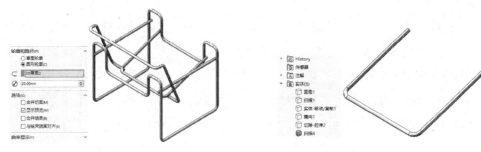

图 10-18　扫描 4　　　　　　　　　　　　　　图 10-19　隐藏实体

（20）单击曲面工具栏中的 （拉伸曲面）工具，选择"等距"为开始条件，输入等距值为 35 mm，单击"反向"按钮；接着，给定终止深度为 410 mm，单击"反向"按钮。单击 （确定）按钮生成曲面-拉伸 3，如图 10-21 所示。

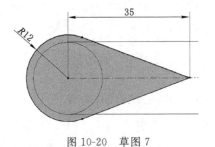

图 10-20　草图 7

图 10-21　曲面-拉伸 3

（21）在特征管理设计树中选择"右视基准面"，单击特征工具栏中的 （镜像）工具，选择"曲面-拉伸 3"为要镜像的曲面实体，单击 （确定）按钮生成镜像 2。

（22）单击曲面工具栏中的 （放样曲面）工具，在图形区域选择两曲面的内边线①、②为轮廓，单击 （确定）按钮生成曲面-放样1，如图10-22所示。

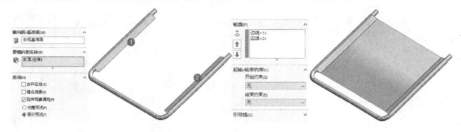

图10-22 镜像2与曲面-放样1

（23）在特征管理设计树中选择除"扫描1"以外的所有实体和曲面进行隐藏，单击 （框架图）显示。选择"右视基准面"，单击 （草图绘制）工具绘制草图8，参照步骤（19）的方法绘制同样图形。单击曲面工具栏中的 （拉伸曲面）工具，选择"等距"为开始条件，输入等距值为275 mm；接着，给定终止深度为70 mm。单击 （确定）按钮生成曲面-拉伸4，如图10-23所示。

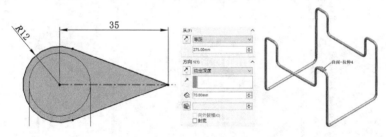

图10-23 草图8与曲面-拉伸4

（24）选择"前视基准面"，单击 （基准面）工具，给定偏移距离为315 mm，单击 （确定）按钮生成基准面1。接下来，应用步骤（21）～步骤（22）的方法生成"镜向3"和"曲面-放样2"。最后，以"右视基准面"为镜像面对椅子的扶手带进行镜像复制，生成"镜向4"，如图10-24所示。

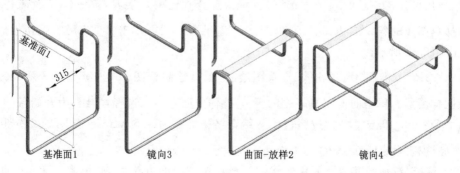

基准面1   镜向3   曲面-放样2   镜向4

图10-24 制作椅子的扶手带

(25) 选择"上视基准面",单击 ▢ (草图绘制)工具绘制草图 9,继续参照步骤(19)的方法绘制同样图形。单击曲面工具栏中的 ▧ (拉伸曲面)工具,选择"等距"为开始条件,输入等距值为 470 mm;接着,给定终止深度为 70 mm,单击 ✓ (确定)按钮生成曲面-拉伸 5,如图 10-25 所示。

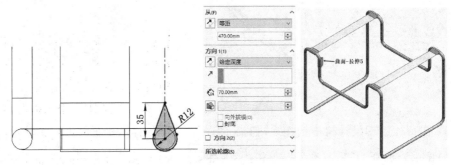

图 10-25　草图 9 与曲面-拉伸 5

(26) 选择"基准面 1",应用步骤(21)～(22)的方法生成"镜像 5"和"曲面-放样 3"。最后,以"右视基准面"为镜像面对椅子的扶手带进行镜像复制,生成"镜像 6",如图 10-26 所示。

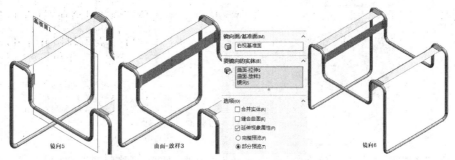

图 10-26　制作椅子的侧扶手带

(27) 在特征管理设计树中,隐藏除"切除-拉伸 2"实体和"草图 4"以外的所有选项(注意:可以使用设计树顶端的 ▽ "筛选"输入框快速查找选项);接着,按住〈Ctrl〉键在图形区域中选择草图 4 的斜线①和端点②,单击 ▣ (基准面)工具,单击 ✓ (确定)按钮生成基准面 2,如图 10-27 所示。

(28) 选择"基准面 2",单击 ▢ (草图绘制)工具绘制草图 10,继续参照步骤(19)的方法绘制同样图形。单击曲面工具栏中的 ▧ (拉伸曲面)工具,选择"等距"为开始条件,输入等距值为 70 mm,单击"反向"按钮;接着,给定终止深度为 125 mm,单击"反向"按钮;单击 ✓ (确定)按钮生成曲面-拉伸 6,如图 10-28 所示。

(29) 选择"右视基准面",应用步骤(21)～步骤(22)的方法生成"镜像 7"和"曲面-放样 4",如图 10-29 所示。

(30) 单击特征工具栏中的 ▧ (移动/复制实体)工具,选择步骤(28)～步骤(29)所生

图 10-27　基准面 2

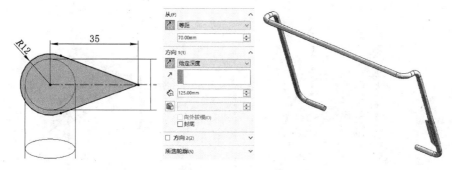

图 10-28　草图 10 与曲面-拉伸 6

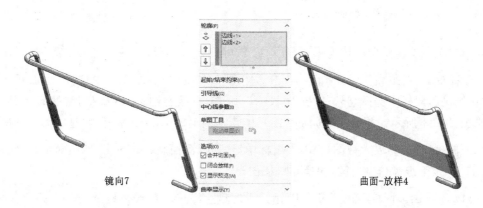

图 10-29　曲面-放样 4

成的曲面,选择"复制"选项,给定份数为 1;激活"平移参考体"框,接着在图形区域中选择"草图 4"的斜线①,给定距离为−275 mm。单击 ✓（确定）按钮生成实体-移动/复制 2,如图 10-30 所示。

（31）单击 ⊖（圆顶）工具对所有的开环扫描实体的 8 个端面进行椭圆圆顶的操作。由于椭圆圆顶特征不能对多个实体面进行操作,所以需要逐一应用 ⊖（圆顶）工具完成操作,如图 10-31 所示。

（32）隐藏所有草图,显示所有实体和曲面（除"曲面-拉伸 1"和"曲面-拉伸 2"）,如图 10-32所示。

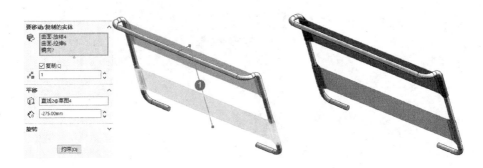

图 10-30　实体-移动/复制 2

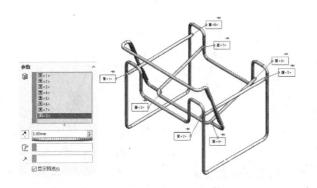

图 10-31　绘制圆顶

图 10-32　瓦西里椅

　　(33) 按下〈Ctrl＋7〉键切换视图显示为"轴等侧"。在管理器栏中单击 🔵 渲染管理→
🔲 (查看布景、光源和相机)标签。右击 📷 相机 选项,在下拉菜单中选择"添加相机"命
令。在相机属性栏中选择"85 mm 远距摄像",接着,直接在图形区域使用快捷键调整照相
机,如图 10-33 所示。提示:〈鼠标中键〉为实体旋转;〈Ctrl＋鼠标中键〉为移动视图;
〈Shift＋鼠标中键〉为放大视图;〈Alt＋鼠标中键〉为视图面旋转。单击 ✓ (确定)按钮添加
"相机 1"。按下键盘〈空格〉键,切换相机视图。

　　(34) 单击图形区域右侧任务窗口标签栏的 🔵 (外观、布景和贴图)按钮,弹出任务窗
口,依次选择" 🔵 布景 "→" 🔵 基本布景 "→"柔光罩",双击"柔光罩"选项载入此布景;接
着,在特征管理设计树中选择所有实体,单击"外观"→"金属"→"镀铬",双击"镀铬"选项载
入此材质;选择除"曲面-拉伸 1"和"曲面-拉伸 2"的所有曲面,单击"外观"→"油漆"→"红糖
苹果色",双击载入此材质。

　　(35) 在 🔵 "查看外观"管理栏下,双击"红糖苹果色"进入材质属性编辑,单击"照明
度"标签,修改反射度为 0.05;单击"表面粗造度"标签,选择"喷沙"选项,如图 10-34 所示。
单击 ✓ (确定)按钮完成材质编辑。

　　(36) 在 🔲 "查看布景、光源和相机"管理栏下,双击"线光源 1"进入灯光属性编辑,选
择"在 PhotoView 360 中打开"和"阴影"选项;单击"基本"标签,修改经度值为－120°,纬度

为 45°,如图 10-35 所示。

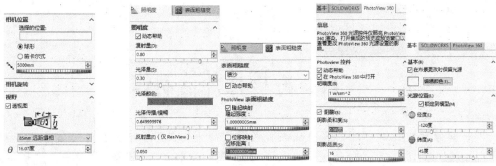

图 10-33 设置照相机　　　　图 10-34 编辑材质　　　　图 10-35 设置灯光

（37）单击渲染工具栏中的 （选项）工具,选择"输出图像大小"为"1024 * 768";"最终渲染品质"为"最佳",单击 ✓（确定）按钮完成渲染设置。单击渲染工具栏中的 ●（最终渲染）工具启动 PhotoView 360 窗口渲染,最终渲染效果如图 10-36 所示。

图 10-36 渲染效果

11　柠檬榨汁器制作

柠檬榨汁器(Juicy Salif)是由法国著名设计师菲利普·斯塔克(Philippe Starck)设计，产品造型奇特，圆锥状的榨汁头与三条弯折的支腿形成一个有机整体，像一个外形生物，让人忍俊不禁、过目不忘。

柠檬汁器制作主要应用 、 、 和 等工具完成，具体步骤如下：

(1) 单击标准工具栏中的 工具，在弹出的"新建 SolidWorks 文件"浮动框中选择 ![]"零件"选项，单击"确定"按钮。

(2) 在特征管理设计树中选择"上视基准面"，单击 工具绘制草图 1，单击 工具以草图原点为圆心绘制直径为 50 mm 的圆，在属性栏中选择"作为构造线"选项或单击 工具。单击 工具连接草图原点和圆的象限点，继续以草图原点为起点绘制中心线，单击 工具标注角度为 15°，单击 工具绘制夹角为 100°的线段，按住〈Ctrl〉键选择两条线段和中心线，添加 ![]"对称"几何关系，如图 11-1 所示。单击 工具，选择草图原点为阵列基准点，选择"等间距"选项，给定 ![] 阵列数为 12，激活"要阵列的实体"选项框，然后在图形区域中选择两条直线，单击 按钮完成圆周阵列操作，如图 11-2 所示。单击图形区域右上角的 ![] "确定"按钮完成草图 1 绘制。

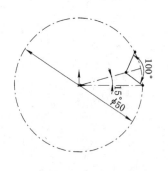

图 11-1　绘制对称直线

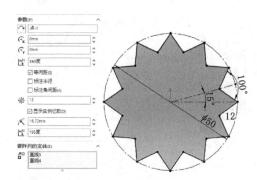

图 11-2　草图 1

(3) 选择"前视基准面"，单击 工具绘制草图 2，应用 、 和 工具参照图 3 绘制闭合图形，添加两圆弧 ![] "相切"几何关系。

按〈Ctrl＋7〉键切换视图显示为等轴测,按住〈Ctrl〉键选择"点 1"和"草图 1"直线,添加
"穿透"几何关系。单击图形区域右上角的 "确定"按钮完成草图 2 绘制,如图 11-3
所示。

（4）单击特征工具栏中的 （扫描）工具,选择扫描类型为"草图轮廓",在图形区域中
选择"草图 2"为轮廓、"草图 1"为路径,单击 （确定）按钮生成扫描 1,如图 11-4 所示。

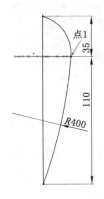

图 11-3　草图 2

图 11-4　扫描 1

（5）按住〈Ctrl〉键,在特征管理设计树中选择"前视基准面"和"右视基准面",单击
（基准轴）工具,单击 （确定）按钮生成基准轴 1。

（6）按住〈Ctrl〉键,在特征管理设计树中选择"前视基准面"和"基准轴 1",单击 （基
准面）工具,单击 "两面夹角"按钮,给定夹角为 15°,单击 （确定）按钮生成基准面 1,
如图 11-5 所示。

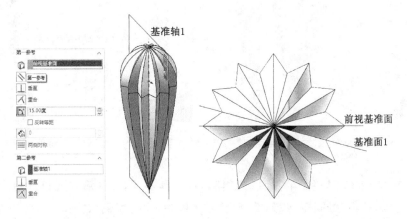

图 11-5　基准面 1

（7）单击特征工具栏中的 （圆角）工具,选择圆角类型为 "变量大小圆角",在图
形区域中选择实体的一组凸棱边（与前视基准面重合）和凹棱边（与基准面 1 重合）,给定实
体两端的半径为 0 mm,凸棱边中间节点的半径为 4 mm,凹棱边中间节点的半径为 1.5

mm,如图 11-6 所示,单击 ✓(确定)按钮生成变化圆角 1。

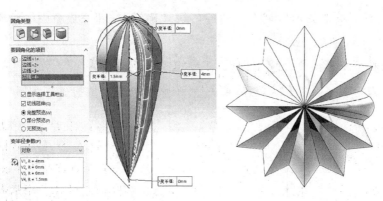

图 11-6　变化圆角 1

（8）在特征管理设计树中选择"前视基准面",单击特征工具栏中的 📚(使用曲面切除)工具,单击 ✓(确定)按钮生成使用曲面切除 1。

（9）选择"基准面 1",单击特征工具栏中的 📚(使用曲面切除)工具,单击 ↗ "反向"按钮,单击 ✓(确定)按钮生成使用曲面切除 2,如图 11-7 所示。

（10）选择"前视基准面",单击特征工具栏中的 ᵇᵏ(镜像)工具,激活"要镜像的实体"选项框,接着在图形区域选择唯一实体,单击 ✓(确定)按钮生成镜像 1,如图 11-8 所示。

图 11-7　使用曲面切除 1 与使用曲面切除 2

图 11-8　镜像 1

（11）单击特征工具栏中的 🔧(圆周阵列)工具,在图形区域弹开设计树中选择"基准轴 1"为阵列轴,选择"等间距"阵列类型,给定角度为 360°,实例数为 12;选择"实体"选栏,在图形区域选择"镜像 1"实体,单击 ✓(确定)按钮生成阵列(圆周)1,如图 11-9 所示。

（12）单击特征工具栏中的 🔧(组合)工具,选择类型为"添加";接着,按住〈Shift〉键,在图形区域展开设计数中选择" 🗂 实体(12) "项目下的 12 个选项,如图 11-10 所示,单击 ✓(确定)按钮生成组合 1。

图 11-9　阵列(圆周)1

图 11-10　组合 1

(13) 在特征管理设计树中选择"组合 1"特征,在关联工具栏中选择 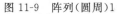（隐藏）工具。选择"前视基准面",单击 □（草图绘制）工具绘制草图 4,应用 ⚡（中心线）、✏（直线）、🔧（3 点圆弧）和 ✒（智能尺寸）工具,参照图 11-11 所示绘制榨汁器的支腿,注意尺寸标注以草图原点为基准点。单击图形区域右上角的 ↪ "确定"按钮完成草图 3 绘制。

(14) 单击参考几何体栏中的 🔲（基准面）工具,选择如图 11-11 所示的"中心线 1"为第一参考,设定"重合"关系;接着在弹出设计树中选择"前视基准面"为第二参考,设定"垂直"关系,如图 11-12 所示,单击 ✔（确定）按钮生成基准面 2。

图 11-11　草图 3

图 11-12　基准面 2

(15) 保持"基准面 2"的选择,单击 □（草图绘制）工具绘制草图 4,单击 ◎（椭圆）工具绘制水平短轴为 8.5 mm 的椭圆,按〈Ctrl＋7〉组合键切换等轴测视图,接着,按住〈Ctrl〉键,选择椭圆上节点①和草图 3 中的"弧线 1",添加 🖐 "使穿透"几何关系;选择椭圆下节点②和"弧线 2",添加 🖐 "使穿透"几何关系,如图 11-13 所示,单击图形区域右上角的

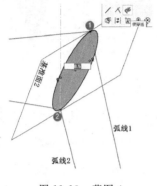 "确定"按钮完成草图 4 绘制。

（16）在特征管理设计树中选择"上视基准面"，单击参考几何体栏中的 （基准面）工具，给定偏移距离为 255 mm，选择"反转等距"选项，单击 （确定）按钮生成基准面 3。

（17）保持"基准面 3"的选择，单击 （草图绘制）工具绘制草图 5，单击 （圆）工具以草图 3 底边线的"中点"为圆心绘制圆，其中圆与边线端点"重合"，如图 11-14 所示。单击图形区域右上角的 "确定"按钮完成草图 5 绘制。

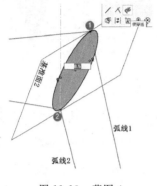

图 11-13　草图 4

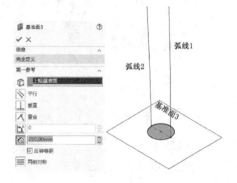

图 11-14　基准面 3 和草图 5

（18）单击特征工具栏中的 （放样凸台/基体）工具，在图形区域弹开设计树中选择"草图 5"和"草图 4"为轮廓；接着，在属性栏中激活"引导线"选项框，开启 SelectionManager 选择工具栏，单击 （选择组）工具，在图形区域中选择如图 11-11 所示的"弧线 1"，单击选择工具栏 的(确定)按钮完成引导线 1 的选择；用同样的方法选择"弧线 2"为引导线 2。单击 （确定）按钮生成放样 1，如图 11-15 所示。

（19）在特征管理设计树中选择"草图 3"选项，在关联工具栏中单击 （显示）工具，选择"右视基准面"，单击 （草图绘制）工具绘制草图 6，单击 （椭圆）工具绘制水平短轴为 6 mm 的椭圆，接着参照步骤(14)的操作添加 "使穿透"几何关系，如图 11-16 所示，单击图形区域右上角的 "确定"按钮完成草图 6 绘制。

图 11-15　放样 1

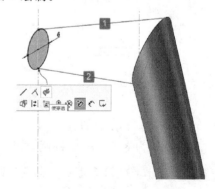

图 11-16　草图 6

(20)单击特征工具栏中的 （放样凸台/基体）工具,在图形区域弹开设计树中选择"草图 6"和"草图 4"为轮廓;接着,在属性栏中激活"引导线"选项框,开启 SelectionManager 选择工具栏,单击 （选择组）工具,分别在图形区域中选择草图 3 的图 1 所示的线段①、②,单击 （确定）按钮生成放样 2,如图 11-17 所示。

(21)隐藏"草图 3"。选择"前视基准面",单击 （草图绘制）工具绘制草图 7,单击 （圆）工具参照图 11-18 绘制构造线圆,注意添加圆与实体边线"相切"几何关系;接着,单击 （直线）工具,连接圆与实体边线的交叉点(鼠标指针显示 表示"交叉",显示 表示"重合")。

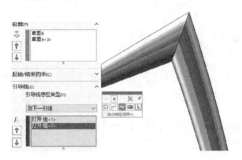

图 11-17　放样 2

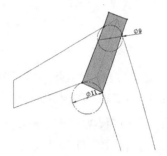

图 11-18　草图 7

(22)单击特征工具栏中的 （拉伸切除）工具,选择终止条件为"完全贯穿-两者",单击 （确定）按钮生成切除-拉伸 1,如图 11-19 所示。注意在弹出的"要保留的实体"对话框中选择"所有实体"选项。

(23)选择"前视基准面",单击 （草图绘制）工具绘制草图 8,单击 （3 点圆弧）工具参照图 11-20 绘制圆弧,其中圆弧与实体边线有"相切"几何关系。单击图形区域右上角的 "确定"按钮完成草图 8 绘制。

图 11-19　切除-拉伸 1

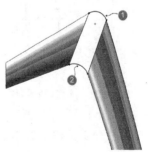

图 11-20　草图 8

(24)单击特征工具栏中的 （放样凸台/基体）工具,开启 SelectionManager 选择工具栏,在图形区域中选择"边线 1"和"边线 2"为轮廓;激活"引导线"选项框,开启 Selection-Manager 选择工具栏,单击 （选择组）工具,分别选择草图 8 的两段弧线①、②分为引导线 1 和引导线 2，单击 ✅（确定）按钮生成放样 3，如图 11-21 所示。

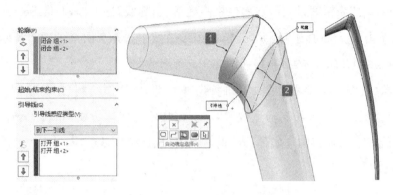

图 11-21　放样 3

（25）显示"组合 1"实体，单击特征工具栏中的 ✳（圆周阵列）工具，在图形区域弹开设计树中选择"基准轴 1"为阵列轴，选择阵列类型为"等间距"，给定角度为 360°，实例数为 3；选择"实体"栏选项，在图形区域选择"放样 3"实体为要阵列的实体，单击 ✅（确定）按钮生成阵列（圆周）1，如图 11-22 所示。

（26）单击特征工具栏中的 ▦（组合）工具，选择操作类型为"添加"，在图形区域中选择实体①～④为组合对象，单击 ✅（确定）按钮生成组合 2，如图 11-23 所示。

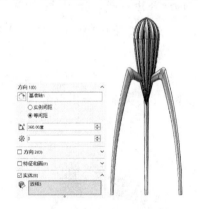

图 11-22　阵列（圆周）1

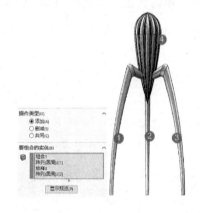

图 11-23　组合 2

（27）单击特征工具栏中的 ▦（圆角）工具，选择 ▦"恒定大小圆角"类型，给定半径为 1.5 mm，然后在图形区域中选择三条支腿与榨汁头的相交边线，单击 ✅（确定）按钮生成圆角 1，如图 11-24 所示。

（28）单击图形区域右侧任务窗口标签栏的 ⬤（外观、布景和贴图）按钮，弹出任务窗口，依次选择"布景"→"基本布景"→"柔光罩"，双击"柔光罩"选项载入此布景；继续选择"外观"→"金属"→"镀铬"，双击"镀铬"选项载入材质；添加"85 mm 远距"相机；开启"线光源1"。渲染效果如图 11-25 所示。

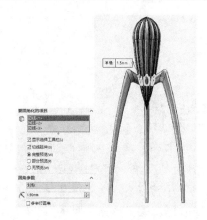

图 11-24　圆角 1

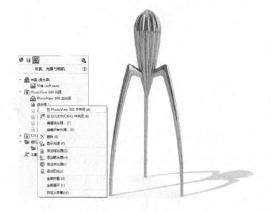

图 11-25　渲染效果

12　天后喷壶制作

　　天后喷壶(Diva Watering Can)出自芬兰著名设计大师艾洛·阿尼奥(Eero Aarnio)之手。产品造型有机、自然,如同灵动的线条在三维的空间中流动穿梭,充分诠释了设计师一贯的设计理念:产品不仅仅表现在功能方面的实用,同时也反映了产品本身的"愿望"。

　　天后喷壶制作主要应用曲面扫描、曲面放样、边界曲面等曲面工具完成,具体步骤如下:

　　(1) 单击标准工具栏中的 ▢ (新建)工具,在弹出的"新建 SolidWorks 文件"浮动框中选择 🧊 "零件"选项,单击"确定"按钮。

　　(2) 在特征管理设计树中选择"前视基准面",单击 ▢ (草图绘制)工具绘制草图 1,单击 ⌒ (3 点圆弧)工具以草图原点为起点绘制圆弧,单击 ⟋ (中心线)工具重合圆弧上端点绘制斜线,按住〈Ctrl〉键选择圆弧和中心线,添加 ⌀ (相切)几何关系;单击 ⟋ (智能尺寸)工具完全定义草图,如图 12-1 所示。单击图形区域右上角的 ↳ "确定"图标结束草图 1 绘制。

　　(3) 选择"上视基准面",单击 ▢ (草图绘制)工具绘制草图 2,按〈Ctrl+7〉组合键切换视图为轴等测,单击 ◉ (椭圆)工具绘制长轴为 160 mm、短轴为 110 mm 的椭圆,选择长轴象限点,添加 ▬ (水平)几何关系;选择椭圆中心与草图 1 弧线,添加 👆 (穿透)几何关系,如图 12-2 所示,单击图形区域右上角的 ↳ "确定"图标结束草图 12-2 绘制。

　　(4) 按住〈Ctrl〉键,选择"上视基准面"和草图 1 圆弧上端点,单击 🔲 (基准面)工具建立基准面 1。保持"基准面 1"的选择,单击 ▢ (草图绘制)工具绘制草图 3,参照步骤(3)的方法绘制长轴为 105 mm、短轴为 75 mm 的椭圆,如图 12-3 所示。单击图形区域右上角的 ↳ "确定"图标结束草图 3 绘制。

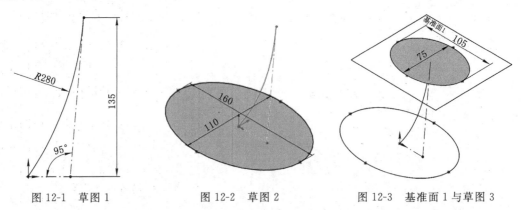

图 12-1　草图 1　　　　　　图 12-2　草图 2　　　　　　图 12-3　基准面 1 与草图 3

（5）单击曲面工具栏中的 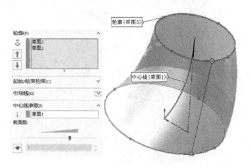（放样曲面）工具，在图形区域中选择"草图2"与"草图3"为放样轮廓；接着，在属性栏激活"中心线参数"选框，选择"草图1"为中心线，单击 ✔（确定）按钮生成曲面-放样1，如图12-4所示。

（6）选择"前视基准面"，单击 □（草图绘制）工具绘制草图4，参照图12-5应用 ⚹（中心线）、⌒（3点圆弧）和 ⬧（智能尺寸）工具绘制弧线，注意圆心与草图原点的水平距离为33 mm，竖直距离为233 mm。

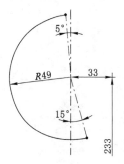

图12-4　曲面-放样1　　　　　　　图12-5　草图4

（7）单击曲面工具栏中的 ❧（扫描曲面）工具，选择轮廓和路径类型为"圆形轮廓"，给定直径为31 mm，单击 ✔（确定）按钮生成曲面-扫描1，如图12-6所示。

（8）单击曲面工具栏中的 ▨（边界曲面）工具，首先在图形区域中选择"曲面-扫描1"上端口边线，在属性栏中选择相切类型为"与面相切"，给定 ⬈ 相切长度为1.45；接着在图形区域中选择"曲面-放样1"的上端口边线，选择相切类型为"与面相切"，给定 ⬈ 相切长度为1.55，如图12-7所示，单击 ✔（确定）按钮生成边界-曲面1。

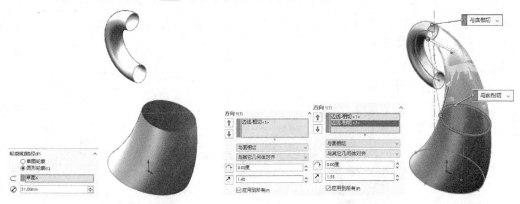

图12-6　曲面-扫描1　　　　　　　图12-7　边界-曲面1

（9）选择"前视基准面"，单击 □（草图绘制）工具绘制草图5，参照图12-8应用 ⚹（中心线）、╱（直线）和 ⬧（智能尺寸）工具绘制斜线，其中斜线上端点与草图原点的水平尺寸为170 mm，竖直尺寸为305 mm。单击图形区域右上角的 ↳"确定"图标结束草图5

绘制。

（10）按住〈Ctrl〉键，选择和草图 5 的斜线与上端点，单击 （基准面）工具建立基准面 2。保持"基准面 2"的选择，单击 （草图绘制）工具绘制草图 6，单击 （圆）工具绘制直径为 15 mm 的圆；选择圆心与草图 5 斜线，添加 （穿透）几何关系，如图 12-9 所示，单击图形区域右上角的 "确定"图标结束草图 6 绘制。

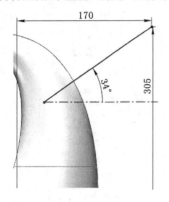

图 12-8　草图 5

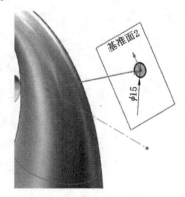

图 12-9　基准面 2 与草图 6

（11）单击曲面工具栏中的 （拉伸曲面）工具，选择终止条件为"给定深度"，给定深度为 150 mm，单击 "拔模开/关"按钮，给定拔模角度为 4°，选择"向外拔模"选项，单击 （确定）按钮生成曲面-拉伸 1，如图 12-10 所示。

（12）在视图栏中单击 （线架图），单击曲面工具栏中的 （边界曲面）工具。首先，在图形区域中选择"曲面-扫描 1"下端口边线，在属性栏中选择相切类型为"与面相切"，给定 相切长度为 1；接着，在图形区域中选择"曲面-拉伸 1"的下端口边线，选择相切类型为"与面相切"，给定 拔模角度为 2°， 相切长度为 1.6，如图 12-11 所示，单击 （确定）按钮生成边界-曲面 2。

图 12-10　曲面-拉伸 1

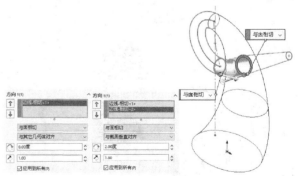

图 12-11　边界-曲面 2

（13）单击曲面工具栏中的 （剪裁曲面）工具，选择剪裁类型为"相互"，激活 "裁剪曲面"选框，在图形区域中选择"边界-曲面 1"、"边界-曲面 2"和"曲面-拉伸 1"面；选择"保留选择"选项,接着激活"保留部分"选框,参照图 12-12 在图形区域中选择线架部分,单击 ✓(确定)按钮生成曲面-裁剪 1。

(14)单击曲面工具栏中的 ◻(圆角)工具,选择圆角类型为 ◻"恒定大小圆角",在图形区域中选择"曲面-裁剪 1"的面交叉线,给定半径为 3 mm,如图 12-13 所示,单击 ✓(确定)按钮生成圆角 1。

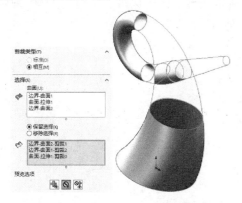

图 12-12 曲面-裁剪 1

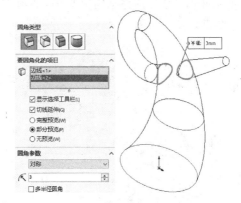

图 12-13 圆角 1

(15)选择"前视基准面",单击 ◻(草图绘制)工具绘制草图 7,单击 ◠(3 点圆弧)工具重合曲面边线绘制半径为 26 mm 圆弧,单击 ◈(智能尺寸)工具标注圆心与草图原点的水平尺寸为 31 mm,竖直尺寸为 290 mm,如图 12-14 所示。

(16)单击曲面工具栏中的 ◈(剪裁曲面)工具,选择剪裁类型为"标准",选择"草图 7"为剪裁工具,选择"移除选择"选项,接着激活"要移除的部分"选框,在图形区域选择圆弧内的部分,单击 ✓(确定)按钮生成曲面-裁剪 2,如图 12-15 所示。

(17)单击曲面工具栏中的 ▦(平面区域)工具,选择整体曲面造型的底边线①,单击 ✓(确定)按钮生成曲面-基准面 1,如图 12-16 所示。

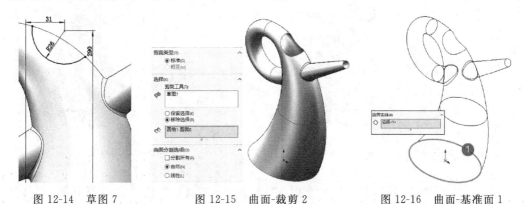

图 12-14 草图 7   图 12-15 曲面-裁剪 2   图 12-16 曲面-基准面 1

(18)单击曲面工具栏中的 ▦(缝合曲面)工具,选择图形区域中的①~④的曲面,单

击 ✓（确定）按钮生成曲面-缝合 1，如图 12-17 所示。

（19）选择"前视基准面"，单击 ⊏（草图绘制）工具绘制草图 8，单击 ⌒（3 点圆弧）工具，在重合壶嘴交叉点和边线的同时绘制半径为 30 mm 的圆弧，单击 ✎（中心线）工具重合圆弧下端点绘制斜线，按住〈Ctrl〉键选择圆弧和中心线，添加 ⌀（相切）几何关系；单击 ✎（智能尺寸）工具完全定义草图，如图 12-18 所示。单击图形区域右上角的 ↳"确定"图标结束草图 8 绘制。

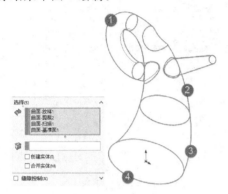

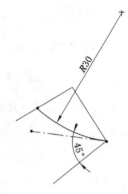

图 12-17　曲面-缝合 1　　　　　　　　　　　图 12-18　草图 8

（20）单击曲面工具栏中的 ▨（圆角）工具，选择圆角类型为 ▧"恒定大小圆角"，在图形区域中选择喷壶的底面边线，在圆角参数栏选择圆角方法为"非对称"，给定 ⌐ 距离 1 为 15 mm，⌐ 距离 2 为 10 mm，如图 12-19 所示，单击 ✓（确定）按钮生成圆角 2。

（21）单击特征工具栏中的 ⊞（加厚）工具，选择 ▤"加厚侧边 2"类型，给定厚度为 2 mm，单击 ✓（确定）按钮生成厚度 1，如图 12-20 所示。

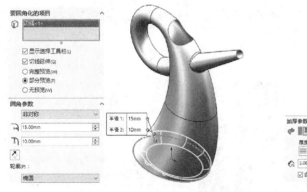

图 12-19　圆角 2　　　　　　　　　　　图 12-20　加厚 1

（22）在特征管理设计树中选择"草图 8"，单击特征工具栏中的 ▣（拉伸切除）工具，选择终止条件为"完全贯穿-两者"，选择"反侧切除"选项，单击 ✓（确定）按钮生成切除-拉伸 1，如图 12-21 所示。

（23）依次添加"相机"、"场景"和"材质"，渲染效果如图 12-22 所示。

（24）单击标准工具栏中 （保存）工具，取名为"天后喷壶.sldprt"。

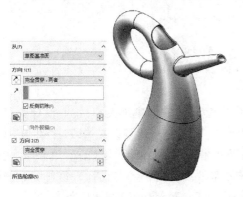

图 12-21　切除-拉伸 1

图 12-22　渲染效果

13 金属水果篮制作

金属水果篮(Baskets and Fruit Bowls/5021)为意大利著名建筑大师、工业设计大师埃托·索特萨斯(Ettore SOTTSASS)(图 13-1)的作品。埃托·索特萨斯 1917 年生于奥地利，1947 年在意大利米兰成立工作室，从事建筑及工业设计，1958 年与 Olivetti 合作，担任设计顾问。在西方现代设计史中，索特萨斯是一位非常重要的艺术与设计人物，他从"激进设计"到"后现代设计"，创立了著名设计组织——孟菲斯(Memphis)设计事务所，并围绕着艺术观念和设计文化进行了大胆的设计探索与创作实验。

金属水果篮制作主要应用 ▨(填充阵列)、▨(包覆)特征和曲面工具完成，具体步骤如下：

(1) 单击标准工具栏中的 ▨(新建)工具，在弹出的"新建SolidWorks 文件"浮动框中选择 ▨"零件"选项，单击"确定"按钮。

图 13-1

(2) 选择"前视基准面"，单击 ▨(草图绘制)工具绘制草图1，单击 ▨(中心矩形)工具以草图原点为中心绘制宽为 628 mm、高为 70 mm 的矩形。单击特征工具栏中的 ▨(拉伸凸台/基体)工具，选择终止条件为"两侧对称"，给定深度为 1 mm，单击 ▨(确定)按钮生成"凸台-拉伸 1"特征，如图 13-2 所示。

(3) 选择"前视基准面"，单击 ▨(草图绘制)工具绘制草图 2，使用 ▨(中心线)、▨(中心点直槽口)和 ▨(智能尺寸)工具参照图 13-3 绘制图形，其中所有中心线彼此呈 45°，两直槽口的中心线互相垂直并以中心点重合。

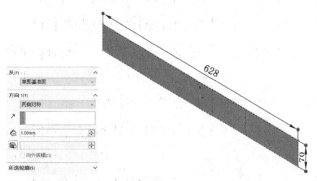

图 13-2 草图 1 与凸台-拉伸 1

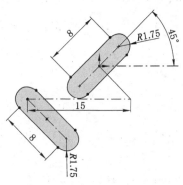

图 13-3 草图 2

(4) 单击特征工具栏中的 工具,选择终止条件为"完全贯穿-两侧"。单击 ✓ (确定)按钮生成拉伸-切除 1,如图 13-4 所示。

(5) 单击特征工具栏中的 工具,选择"拉伸-切除 1"实体表面为填充边界,选择阵列布局为 ![icon]"穿孔",给定实例间距为 15 mm,交错断续角度为 0°,边距为 0 mm;接下来,激活要阵列的特征选框,展开图形区域左上角的设计树选择"拉伸-切除 1"特征,单击 ✓ (确定)按钮生成填充阵列 1,如图 13-5 所示。

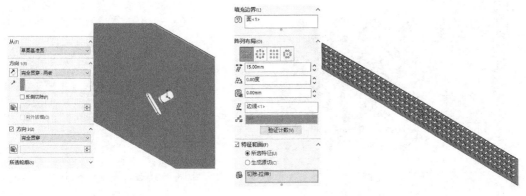

图 13-4　拉伸-切除 1　　　　　　　　图 13-5　填充阵列 1

(6) 选择"上视基准面",单击 工具,给定偏移距离为 30 mm,单击 ✓ (确定)按钮生成"基准面 1"特征。保持"基准面 1"的选择,单击特征工具栏中的 工具,单击 ![icon]"反转切除"按钮,单击 ✓ (确定)按钮生成使用曲面切除 1,如图 13-6 所示。

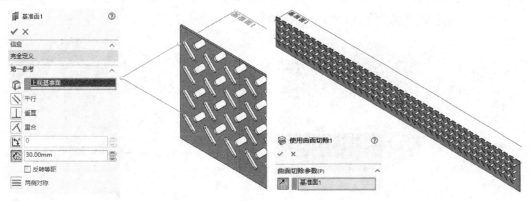

图 13-6　基准面 1 与使用曲面切除 1

(7) 选择"前视基准面",单击 工具绘制草图 3,单击 工具弹出左侧属性栏,在图形区域中选择实体表面,单击"选择所有内环面"按钮,单击 ✓ (确定)按钮生成引用图形,单击图形区域右上角的 ![icon]"确定"按钮完成草图 3 绘制,如图 13-7 所示。注意:步骤(6)的操作目的在于获得 4343……的图形组合。在特征管理设计树中选择"使用曲面切除 1",单击关联工具栏中的 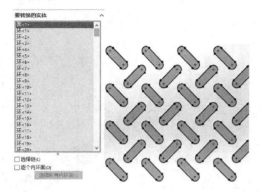（隐藏）工具。

（8）选择"上视基准面",单击 （草图绘制）工具绘制草图 4,单击 （圆）工具以草图原点为圆心绘制直径为 195 mm 的圆。单击曲面工具栏中的 （拉伸曲面）工具,选择终止条件为"两侧对称",给定深度为 70 mm,单击 （确定）按钮生成曲面-拉伸 1,如图 13-8 所示。

| 图 13-7 草图 3 | 图 13-8 草图 4 与曲面-拉伸 1 |

（9）在特特征管理设计树中选择"草图 3",单击特征工具栏中的 （包覆）工具,选择包覆类型为 "刻划",包覆方法为 "分析";激活"包覆草图的面"选框,然后在图形区域中的选择"曲面-拉伸 1",单击 （确定）按钮生成包覆 1,如图 13-9 所示。

（10）单击曲面工具栏中的 （等距曲面）工具,在图形区域选择整体曲面环,给定等距距离为 0 mm,单击 （确定）按钮生成曲面-等距 1。在特征管理设计树中选择"包覆 1",单击关联工具栏中的 （隐藏）工具,如图 13-10 所示。

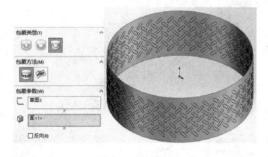 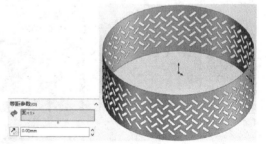

| 图 13-9 包覆 1 | 图 13-10 曲面-等距 1 |

（11）单击特征工具栏中的 （弯曲）工具,选择操作类型为"锥削",接着在图形区域中选择"曲面-等距 1",给定锥剃因子为 -0.35,给定基准面 2 剪裁距离为 3 mm,在"三重轴"栏中给定 X 旋转角度为 90°,其他值为 0。单击 （确定）按钮生成弯曲 1 特征,如图 13-11 所示。

（12）再次单击特征工具栏中的 （弯曲）工具,选择操作类型为"伸展",接着在图形

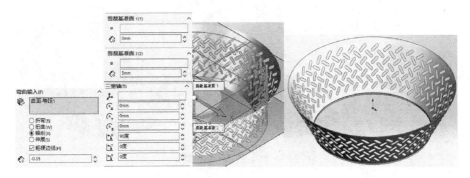

图 13-11 弯曲 1

区域中选择"弯曲 1",给定伸展距离为 -15 mm,给定 X 旋转角度为 90°,其他值为 0。单击 ✔ (确定)按钮生成弯曲 2 特征,如图 13-12 所示。

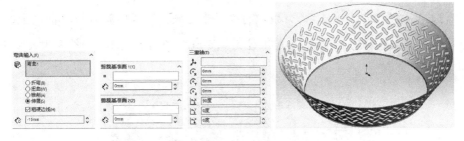

图 13-12 弯曲 2

（13）单击曲面工具栏中的 ▨ (直纹曲面)工具,选择类型为"锥削到向量",给定距离为 5 mm,激活"参考向量"选框,在弹出设计树中选择"上视基准面";给定角度为 60°;最后在图形区域中选择弯曲 2 曲面的底边线①,注意生成的曲面(黄色显示)朝内锥削,如果相反,可以激活"边线〈1〉"再单击"交替边"按钮。单击 ✔ (确定)按钮生成直纹曲面 1,如图 13-13 所示。

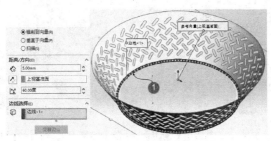

图 13-13 直纹曲面 1

（14）单击曲面工具栏中的 ▨ (平面区域)工具,选择直纹曲面 1 的内边线②,单击 ✔ (确定)按钮生成曲面-基准面 1,如图 13-14 所示。

（15）单击曲面工具栏中的 ▨ (直纹曲面)工具,选择类型为"垂直于向量",给定距离为 3 mm,激活"参考向量"选框,选择"上视基准面";在图形区域中选择弯曲 2 曲面的上边

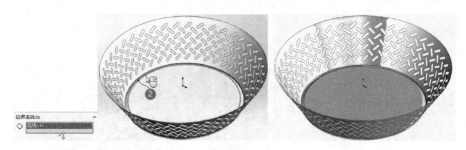

图 13-14　曲面-基准面 1

线③。单击 ✔ (确定)按钮生成直纹曲面 2,如图 13-15 所示。

　　(16) 单击曲面工具栏中的 (缝合曲面)工具,在图形区域中选择所有可见曲面,取消"缝隙控制"栏选择,单击 ✔ (确定)按钮生成曲面-缝合 1。单击曲面工具栏中的 (圆角)工具,选择 "恒定大小圆角"类型,选择"多半径圆角"选项,选择缝合曲面上缘边线,给定半径为 6 mm;选择底部边线,给定半径为 1.5 mm,单击 ✔ (确定)按钮生成圆角 1,如图 13-16 所示。

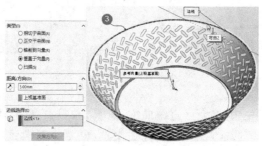

图 13-15　直纹曲面 2

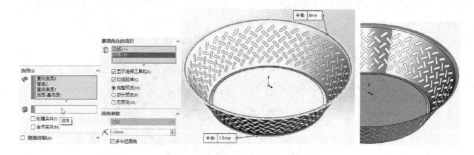

图 13-16　曲面-缝合 1 与圆角 1

　　(17) 单击特征工具栏中的 (加厚)特征,选择厚度类型为 "厚度侧边 1",给定厚度为 1.5 mm,接着在图形区域选择圆角 1 曲面,单击 ✔ (确定)按钮生成加厚 1,如图13-17所示。

　　(18) 单击图形区域右侧任务窗口标签栏的 (外观、布景和贴图)按钮,弹出任务窗口,依次选择"布景"→"基本布景"→"柔光",双击"柔光罩"选项载入此布景,继续选择"外观"→"金属",双击"镀铬"选项载入材质;添加"85 mm 远距"相机,开启"线光源 1",渲染效果如图 13-18 所示。

(19)单击标准工具栏中 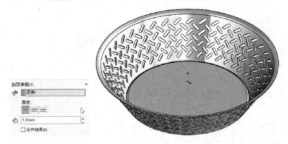 (保存)工具,取名为"金属水果篮.sldprt"。

图 13-17　加厚 1

图 13-18　渲染效果

14 鼠标制作

鼠标制作主要应用拔模、非对称变化圆角和加厚切除等工具完成,具体步骤如下:

· (1) 单击标准工具栏中的 ▢ (新建)工具,在弹出的"新建 SolidWorks 文件"浮动框中选择 ◈ "零件"选项,单击"确定"按钮。

(2) 在特征管理设计树中选择"前视基准面",单击 ▢ (草图绘制)工具绘制草图 1,单击 ▢ (边角矩形)工具以草图原心为起点绘制长 96 mm、宽 31 mm 的矩形,在左侧属性栏中选择"作为构造线"选项;接着,单击 ✎ (直线)工具绘制 2 段线段和 3 段相切弧线,其中"弧线 1"左侧点为竖直边线的"中点","弧线 2"右侧的端点与斜线重合,添加"弧线 2"与水平虚线"相切"几何关系;单击 ⟨ (智能尺寸)工具完全定义草图,接着单击样条工具栏中的 ⟪ (套合样条曲线)工具,在图形区域中选择 3 条弧线,取消属性栏中"闭合的样条曲线"选项,单击 ✔ "确定"按钮生成套合曲线,如图 14-1 所示。

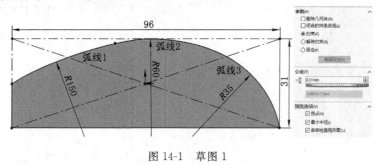

图 14-1 草图 1

(3) 单击特征工具栏中的 ⬒ (拉伸凸台/基体)工具,给定拉伸深度为 26.5 mm,单击 ✔ "确定"按钮生成凸台-拉伸 1,如图 14-2 所示。注意实体的上端曲面为一个整体面,此效果为步骤(2) ⟪ (套合样条曲线)工具操作的结果,这将直接影响后面"变圆角"操作的效果。

(4) 选择"上视基准面",单击 ▢ (草图绘制)工具绘制草图 2,单击 ⌒ (3 点圆弧)工具过草图原点绘制半径为 100 mm 的圆弧,添加圆弧与竖直边线 ⟨ "相切"几何关系,如图 14-3 所示。

(5) 单击特征工具栏中的 ▣ (拉伸切除)工具,选择终止条件为"完全贯穿",选择"反侧切除"选项,单击 ✔ "确定"按钮生成切除-拉伸 1,如图 14-4 所示。

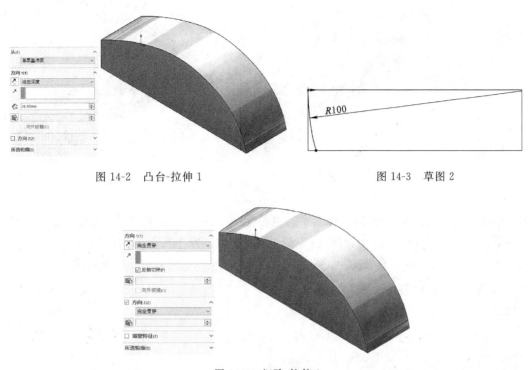

图 14-2 凸台-拉伸 1　　　　　　　　　图 14-3 草图 2

图 14-4 切除-拉伸 1

（6）单击特征工具栏中的 ▦（拔模）工具,选择拔模类型为"分型线",给定拔模角度为5°;激活"拔模方向"选项框,在图形区域弹开设计树中选择"上视基准面",单击 ◩ "反向"按钮确保拔模方向朝下;选择实体弧边线①为分型线（注意黄色箭头指向前端面,否则单击"其他面"按钮）,如图 14-5 所示,单击 ✔ "确定"按钮生成拔模 1。

图 14-5 拔模 1

（7）再次单击 ▦（拔模）工具,选择拔模类型为"分型线",给定拔模角度为 20°;激活拔模方向选项框,在图形区域弹开设计树中选择"上视基准面",单击 ◩ "反向"按钮确保拔模方向朝下;选择实体左端面边线①为分型线,如图 14-6 所示,单击 ✔ "确定"按钮生成拔模 2。

（8）单击特征工具栏中的 ▦（圆角）工具,选择圆角类型为 ▦ "变量大小圆角",在图

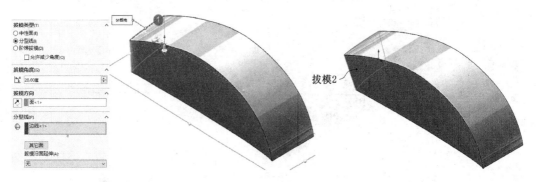

图 14-6　拔模 2

形区域选择实体前端弧边线 1；选择变半径参数为"非对称"，选择轮廓为"圆锥 Rho"；接着，在图形区域参照图 14-7 设置起点半径 1 为 26.5 mm（注意半径 1 的大小为凸台-拉伸 1 的深度），半径 2 为 16 mm，圆锥 Rho 为 0.5；设置终点半径 1 为 26.5 mm，半径 2 为 5 mm，圆锥 Rho 为 0.4；选择"直线过渡"选项，选择"保持曲面"扩展方式，单击 ✓ "确定"按钮生成变化圆角 1。

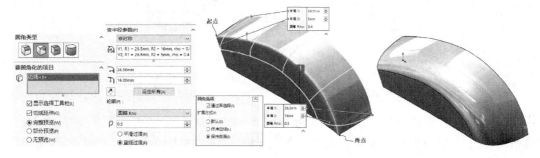

图 14-7　圆角 1

（9）单击特征工具栏中的 ▶◀（镜像）工具，在图形区域弹开设计树中选择"前视基准面"为镜像面，激活"要镜像的实体"选框，在图形区域中选择"变化圆角 1"实体，单击 ✓ "确定"按钮生成镜像 1，如图 14-8 所示。

（10）选择"上视基准面"，单击 匚（草图绘制）工具绘制草图 3，单击 ▭（直槽口）工具，以草图原点为起点绘制图形，单击 ➹（智能尺寸）工具完全定义草图，如图 14-9 所示。

（11）单击曲线工具栏中的 ▧（分割线）工具，选择分割类型为"投影"，在图形区域选择实体的两个上端弧面为要分割的面，单击 ✓ "确定"按钮生成分割线 1，如图 14-10 所示。

（12）选择"右视基准面"，单击 匚（草图绘制）工具绘制草图 4，使用 ⌒（3 点圆弧）和 ➹（智能尺寸）工具连接"分割线 1"的两端点，给定半径为 18 mm，如图 14-11 所示。

（13）单击曲线工具栏中的 ▧（分割线）工具，选择分割类型为"投影"，在图形区域选择实体的左端面为要分割的面，单击 ✓ "确定"按钮生成分割线 2，如图 14-12 所示。

（14）选择"右视基准面"，单击 匚（草图绘制）工具绘制草图 5，使用 ╱（直线）工具以

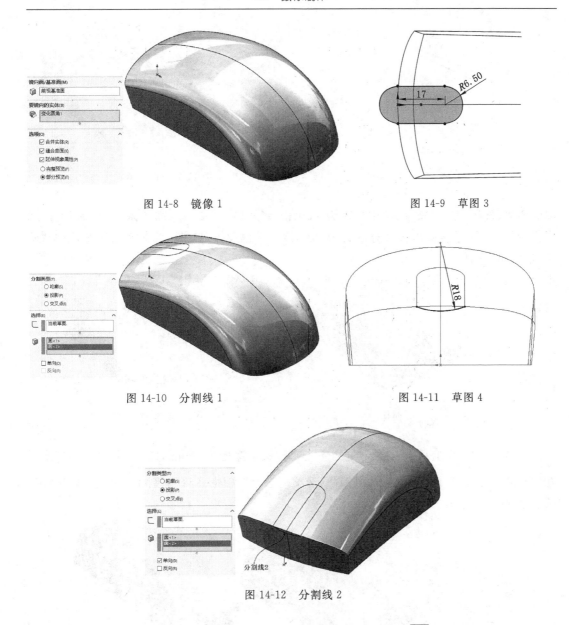

图 14-8　镜像 1

图 14-9　草图 3

图 14-10　分割线 1

图 14-11　草图 4

图 14-12　分割线 2

"分割线 1"为起点、"分割线 2"为终点绘制连续线段与弧线,单击 [图] (智能尺寸)工具完全
定义草图,如图 14-13 所示。单击图形区域右上角的 [图] "确定"按钮退出草图 5 绘制。

　　(15) 单击曲面工具栏中的 [图] (填充曲面)工具,在图形区域中选择"分割线 1"和"分割
线 2"生成的所有边线①～⑥为修补边界,激活"约束曲线"选框,在图形区域中选择"草图
5",单击 [图] "确定"按钮生成曲面填充 1,如图 14-14 所示。

　　(16) 单击特征工具栏中的 [图] (使用曲面切除)工具,在图形区域的弹开设计树中选择
"曲面填充 1"为操作面,单击 [图] "确定"按钮生成使用曲面切除 1,如图 14-15 所示。

　　(17) 单击特征工具栏中的 [图] (移动/复制实体)工具,在图形区域中选择唯一实体为

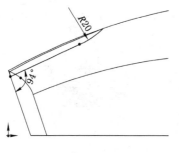

图 14-13　草图 5

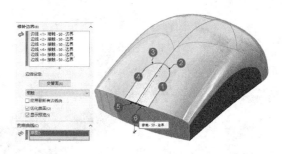

图 14-14　曲面填充 1

复制实体,选择"复制"选项,给定份数为 1,单击 ✓ "确定"按钮生成实体-移动/复制 1,如图 14-16 所示。系统弹出警告对话框"既没指定平移也没指定旋转,您想继续吗?",单击"确定"按钮完成操作。

图 14-15　使用曲面切除 1

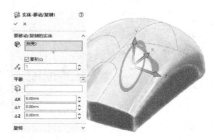

图 14-16　实体-移动/复制 1

(18) 单击特征工具栏中的 ⬚ (抽壳)工具,给定厚度为 1 mm,激活"实体"选框,然后在图形区域弹开设计树中的" ⬚ 实体(2) "选项下选择"实体-移动/复制 1",单击 ✓ "确定"按钮生成抽壳 1,如图 14-17 所示。

剖面视图

图 14-17　抽壳 1

(19) 隐藏"抽壳 1"实体。单击 ⬚ (抽壳)工具,给定厚度为 1 mm,在图形区域选择实体底面,单击 ✓ "确定"按钮生成抽壳 2,如图 14-18 所示。

(20) 单击特征工具栏中的 ⬚ (移动/复制实体)工具,在图形区域弹开设计树中的" ⬚ 实体(2) "选项下选择"抽壳 2",选择"复制"选项,给定份数为 1,单击 ✓ "确定"按钮生成实体-移动/复制 2。

(21) 隐藏"抽壳 2"实体。单击特征工具栏中的 ⬚ (组合)工具,选择操作类型为"删减",激活"主要实体"选框,在弹开设计树中选择"抽壳 1"实体;激活"要组合的实体"选框,选择"实体-移动/复制 2",单击 ✔ "确定"按钮生成组合 1,如图 14-19 所示。

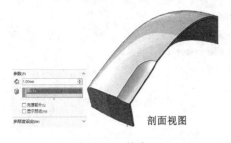

剖面视图

图 14-18　抽壳 2

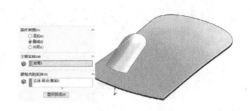

图 14-19　组合 1

　　(22)隐藏"曲面填充 1",显示"抽壳 2"实体。选择"上视基准面",单击 ⬡ (草图绘制)工具绘制草图 6,参照图 14-20 应用 ⬭ (直槽口)和 ⬨ (智能尺寸)工具完全定义图形。

　　(23)单击特征工具栏中的 ▤ (拉伸切除)工具,选择终止条件为"完全贯穿",单击 ⬈ "反向"按钮;取消选择"自动选项",在图形区域弹开设计树中的" ▥ 实体(2) "选项下选择"抽壳 2",单击 ✔ "确定"按钮生成切除-拉伸 2,如图 14-21 所示。

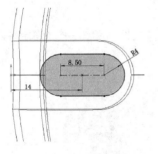

图 14-20　草图 6

图 14-21　切除-拉伸 2

　　(24)在特征管理设计树中选择"右视基准面",单击 ⬡ (草图绘制)工具绘制草图 7,按下〈Ctrl＋8〉组合键切换视图为左视,单击 ⬠ (3 点圆弧)工具以两侧节点为起始点绘制半径为 110 mm 的圆弧,如图 14-22 所示。

　　(25)单击曲线工具栏中的 ⬢ (分割线)工具,选择分割类型为"投影",在图形区域选择实体的端面①(图 14-22)为要分割的面,单击 ✔ "确定"按钮生成分割线 3,如图 14-23 所示。

　　(26)单击曲面工具栏中的 ⬇ (放样曲面)工具,在图形区域中选择如图 14-23 所示的"边线 1"和"边线 2"为轮廓;开启 SelectionManager 选择工具栏,单击 ⬚ (选择组)工具选择两段"分割线 3"为引导线;选择引导线感应类型为"整体",单击 ✔ "确定"按钮生成曲面-放样 1,如图 14-24 所示。

　　(27)单击曲面工具栏中的 ⬟ (延伸曲面)工具,在图形区域中选择曲面-放样 1,选择

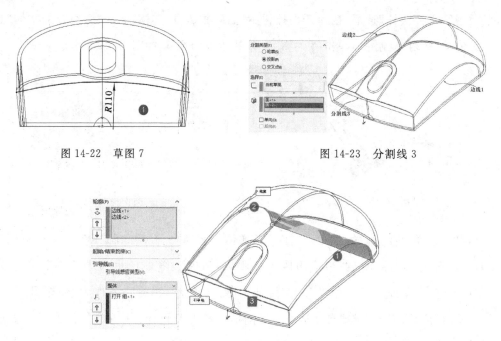

图 14-22 草图 7   图 14-23 分割线 3

图 14-24 曲面-放样 1

终止条件为"距离",给定距离为 3 mm,选择延伸类型为"线性",单击 ✅ "确定"按钮生成曲面-延伸 1,如图 14-25 所示。

图 14-25 曲面-延伸 1

（28）单击特征工具栏中的 工具,在弹开设计树中选择"曲面-延伸 1"为操作面,选择 ![icon] "加厚侧边 2",给定厚度为 0.5 mm,取消"自动选择"选项,在图形区域中选择"抽壳 2"实体。单击 ✅ "确定"按钮,系统弹出"要保留的实体"选择框,选择"所有实体"选项,单击"确定"按钮生成切除-加厚 1,如图 14-26 所示。

（29）选择"右视基准面",单击 ![icon]（草图绘制）工具绘制草图 8,单击 ![icon]（3 点圆弧）工具过实体绘制半径为 75 mm 的圆弧,单击 ![icon]（智能尺寸）工具,按住〈Shift〉键选择草图原点和圆弧,给定尺寸 29 mm,添加草图原点与圆弧圆心"水平"几何关系,如图 14-27 所示。

（30）单击曲面工具栏中的 ![icon]（拉伸曲面）工具,选择终止条件为"两侧对称",给定深

图 14-26　切除-加厚 1

度为 70 mm，单击 ✔ "确定"按钮生成曲面-拉伸 1，如图 14-28 所示。

图 14-27　草图 8

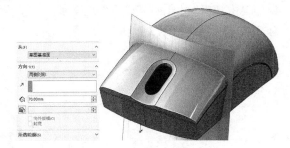

图 14-28　曲面-拉伸 1

（31）单击特征工具栏中的 （加厚切除）工具，在选择"曲面-拉伸 1"为操作面，选择 "加厚侧边 2"，给定厚度为 0.5 mm，取消"自动选择"选项，在图形区域中选择上部分实 体。单击 ✔ "确定"按钮，系统弹出"要保留的实体"选择框，选择"所有实体"选项，单击"确 定"按钮生成切除-加厚 2，如图 14-29 所示。

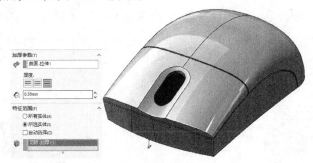

图 14-29　切除-加厚 2

（32）在特征管理设计树中选择"上视基准面"，单击 （草图绘制）工具绘制草图 9，单 击 （直线）工具过草图原点绘制水平线段。单击特征工具栏中的 （拉伸切除）工具， 选择终止条件为"完全贯穿"，选择"薄壁特征"选栏，选择薄壁类型为"两侧对称"，给定厚度 为 0.5 mm；取消"自动选择"选项，在图形区域中选择鼠标按键部分，单击 ✔ "确定"按钮生 成切除-拉伸-薄壁 1，如图 14-30 所示。

（33）单击特征工具栏中的 （组合）工具，选择操作类型为"添加"，在图形区域弹开

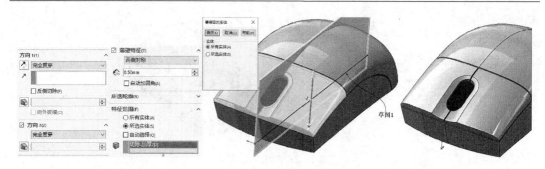

图 14-30　草图 9 与切除-拉伸-薄壁 1

设计树中选择"组合 1"实体和"切除-加厚 1[2]"为组合的实体,单击 ✔ "确定"按钮生成组合 2,如图 14-31 所示。

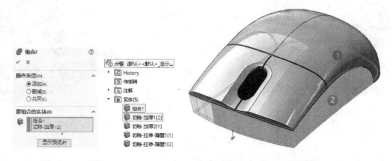

图 14-31　组合 2

(34) 选择"前视基准面",单击 ▢ (草图绘制)工具绘制草图 10,参照图 14-32 应用 ◎ (圆)和 ✎ (智能尺寸)工具绘制直径为 20 mm 的圆。

(35) 单击特征工具栏中的 ▩ (拉伸凸台/基体)工具,选择终止条件为"两侧对称",给定深度为 6 mm,取消"合并结果"选项,单击 ✔ "确定"按钮生成凸台-拉伸 2,如图 14-33 所示。

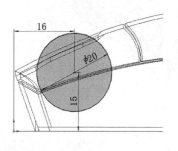

图 14-32　草图 10

图 14-33　凸台-拉伸 2

(36) 单击特征工具栏中的 ▣ (圆角)工具,选择 ▯ "完整圆角"类型,在图形区域中选择"凸台-拉伸 2"实体的右端面为"面组 1",选择环形面为"中央面组",选择左端面为"面组 2";单击 ✔ "确定"按钮生成圆角 1,如图 14-34 所示。

(37) 依次添加"135 mm 远距"相机、"柔光聚光灯"场景和"材质",开启"线光源 1"渲染效果如图 14-35 所示。

（38）单击标准工具栏中  （保存）工具，取名为"鼠标盘. sldprt"。

图 14-34 圆角 1

图 14-35 产品渲染

15　蝴蝶动感果盘制作

蝴蝶动感果盘（Basket Marli）由澳大利亚设计师史帝芬·贝斯（Steven Blaess）设计。在澳大利亚土著语言中 marli 是"蝴蝶"的意思，该产品造型整体圆润，一气呵成，就像一只蝴蝶的翅膀，美丽而富有动感。

果盘制作主要应用完整圆角和投影曲线等工具完成，特别需要应用实体转化曲面的操作技法。具体步骤如下：

（1）单击标准工具栏中的 ▭（新建）工具，在弹出的"新建 SolidWorks 文件"浮动框中选择 ▦ "零件"选项，单击"确定"按钮。

（2）在特征管理设计树中选择"上视基准面"，单击 ▭（草图绘制）工具绘制草图 1，单击 ▣（中心矩形）工具以草图原心为中心绘制长为 250 mm，宽为 170 的距形。单击特征工具栏中的 ▦（拉伸凸台/基体）工具，给定深度为 73 mm，单击 ✔ "确定"按钮生成凸台-拉伸 1，如图 15-1 所示。

（3）选择"上视基准面"，单击 ▭（草图绘制）工具绘制草图 2，参照图 15-2 应用 ⟋（中心线）、⌒（3 点圆弧）和 ⟋（智能尺寸）工具绘制圆弧，添加圆弧与竖直边线"相切"几何关系使其完全定义。

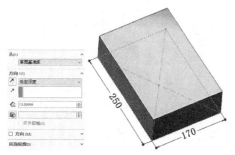

图 15-1　草图 1 与拉伸、凸台 1

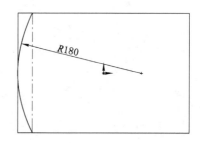

图 15-2　草图 2

（4）单击特征工具栏中的 ▦（拉伸切除）工具，选择终止条件为"完全贯穿"，选择"反侧切除"选项，单击 ✔（确定）按钮生成切除-拉伸 1，如图 15-3 所示。

（5）单击特征工具栏中的 ▦（镜像）工具，在图形区域的弹开设计树中选择"右视基准面"为镜像面，选择"切除-拉伸 1"为要镜像的特征，单击 ✔（确定）按钮生成镜像 1，如图 15-4 所示。

（6）单击特征工具栏中的 ▦（圆角）工具，选择圆角类型为 ▦ "恒定大小圆角"，在图

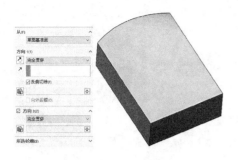

图 15-3 切除-拉伸 1

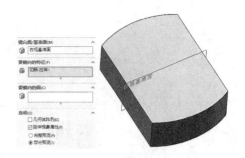

图 15-4 镜像 1

形区域选择实体的 4 条竖直边线(选择方法:选择任意一条竖直边线,在关联工具栏中选择 ▤ "连接到开始面"按钮,给定半径为 50 mm,单击 ✓ (确定)按钮生成圆角 1,如图 15-5 所示。

(7) 选择"上视基准面",单击 ⊏ (草图绘制)工具绘制草图 3,单击 ∩ (圆锥)工具,重合两侧圆角边线端点①、②绘制圆锥线,参照图 15-6 单击 ⬈ (智能尺寸)工具对圆锥进行完全定义。

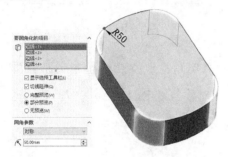

图 15-5 圆角 1

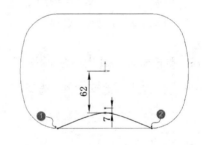

图 15-6 草图 3

(8) 单击特征工具栏中的 ▣ (拉伸切除)工具,选择终止条件为"完全贯穿",选择"反侧切除"选项,单击 ✓ (确定)按钮生成切除-拉伸 2,如图 15-7 所示。

(9) 单击特征工具栏中的 ▣ (圆角)工具,选择圆角类型为 ▣ "恒定大小圆角",在图形区域选择的"切除-拉伸 2"产生的 2 条竖直边线 12,给定半径为 45 mm,单击 ✓ (确定)按钮生成圆角 2,如图 15-8 所示。

(10) 单击特征工具栏中的 ▧ (使用曲面切除)工具,在图形区域的弹开设计树中选择"前视基准面"为操作面,单击 ✓ (确定)按钮生成使用曲面切除 1,如图 15-9 所示。

(11) 选择"前视基准面",单击 ⊏ (草图绘制)工具绘制草图 4,单击 ∩ (圆锥)工具,重合实体两侧边线绘制圆锥线,参照图 15-10 单击 ⬈ (智能尺寸)工具对圆锥进行完全定义。

(12) 单击特征工具栏中的 ▣ (拉伸切除)工具,选择终止条件为"完全贯穿-两者",单击 ✓ (确定)按钮生成切除-拉伸 3,如图 15-11 所示。

图 15-7　切除-拉伸 2

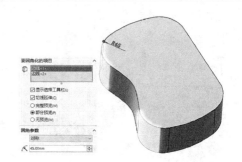

图 15-8　圆角 2

图 15-9　使用曲面切除 1

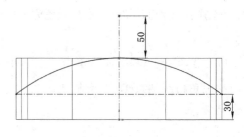

图 15-10　草图 4

（13）单击特征工具栏中的 （圆角）工具，选择圆角类型为 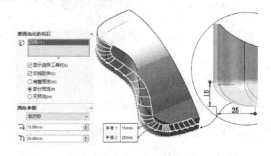"恒定大小圆角"，在图形区域选择实体的底面边线，选择圆角方法为"非对称"，给定 距离 1 为 15 mm， 距离 2 为 25 mm，单击 （确定）按钮生成圆角 3，如图 15-12 所示。

图 15-11　切除-拉伸 3

图 15-12　圆角 3

（14）单击特征工具栏中的 （圆角）工具，选择圆角类型为 "面圆角"，激活"面组 1"选框，在图形区域选择实体的所有侧面；接着激活"面组 2"选框，选择实体顶弧面；在圆角参数栏中选择圆角方法为"包络控制线"，在图形区域中选择"边线①"，单击 （确定）按钮生成圆角 4，如图 15-13 所示。

（15）选择"前视基准面"，单击 （草图绘制）工具绘制草图 5，参照图 15-14 应用 （中心线）、 （圆锥）、 （3 点圆弧）和 （智能尺寸）工具绘制连续曲线，按住〈Ctrl〉选择圆锥线和圆弧，添加 "相切"几何关系；选择圆弧与水平中心线，添加 "相切"几何关系。

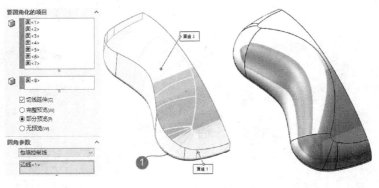

图 15-13 完整圆角

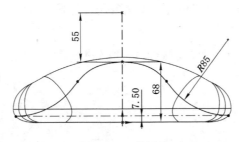

图 15-14 草图 5

（16）单击曲线工具栏中的 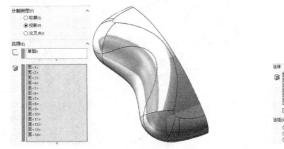（分割线）工具，选择分割类型为"投影"，选择"草图 5"为要投影的草图；激活 要分割的面选框，在图形区域中选择所有的曲面，单击 （确定）按钮生成分割线 1，如图 15-15 所示。

（17）单击曲面工具栏中的 （删除面）工具，选择分割线 1 上部的所有面与内侧平面为 要删除的面，单击 （确定）按钮生成删除面 1，如图 15-16 所示。

图 15-15 分割线 1

图 15-16 删除面 1

（18）单击特征工具栏中的 （镜像）工具，在图形区域的弹开设计树中选择"前视基准面"为镜像面，激活"要镜像的实体"选框，在图形区域选择"删除 1"，选择"缝合曲面"选项，单击 （确定）按钮生成镜像 2，如图 15-17 所示。

（19）单击特征工具栏中的 （加厚）工具，选择"镜像 2"曲面为 要加厚的曲面，选择厚度类型为 "加厚侧边 2"，给定厚度为 1 mm，单击 （确定）按钮生成加厚 1，如图

15-18 所示。

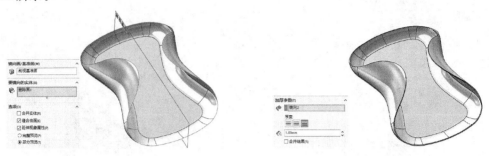

图 15-17　镜像 2　　　　　　　　　　　　　　图 15-18　加厚 1

（20）依次添加"85 mm 远距"相机、"柔光聚光灯场景"和"陶瓷材质"，开启"线光源 1"，渲染效果如图 15-19 所示。

（21）单击标准工具栏中 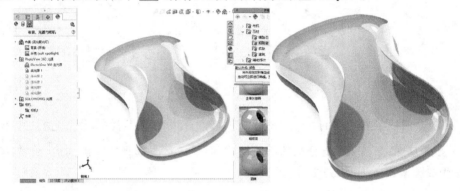（保存）工具，取名为"果盘. sldprt"。

图 15-19　产品渲染

16　Dalù 台灯制作

Dalù 台灯是由意大利著名设计师维克·马吉斯特拉蒂（Vico Magistretti）设计，产品造型简约整体，灯罩和底座由两个圆形弧面有机连接而成，浑然一体，透明的热塑性材料结合多样的色彩搭配赋予 Dalù 台灯梦幻的情愫。

Dalù 台灯主要应用 📊（旋转曲面）、📄（剪裁曲面）和 📦（边界曲面）工具完成，具体步骤如下：

（1）单击标准工具栏中的 📄（新建）工具，在弹出的"新建 SolidWorks 文件"浮动框中选择 📄"零件"选项，单击"确定"按钮。

（2）在特征管理设计树中选择"前视基准面"，单击 📄（草图绘制）工具绘制草图 1，应用 📄（中心线）、📄（直线）、📄（3 点圆弧）和 📄（智能尺寸）工具参照图 16-1 绘制图形，其中直线段与圆弧有"相切"几何关系。

（3）单击曲面工具栏中的 📊（旋转曲面）工具，选择图 16-1 所示的"中心线 1"为旋转轴，选择旋转类型为"给定深度"，给定角度为 360°；单击"所选轮廓"框，在图形区域中选择"轮廓 1"弧线段，单击 ✅"确定"按钮生成曲面-旋转 1，如图 16-2 所示。

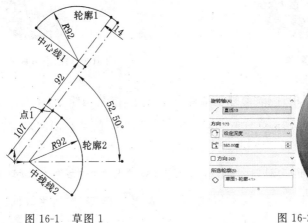

图 16-1　草图 1　　　　　　　　　　图 16-2　曲面-旋转 1

（4）在特征管理设计树中选择"草图 1"选项，单击曲面工具栏中的 📊（旋转曲面）工具，选择图 16-1 所示的"中心线 2"为旋转轴，选择旋转类型为"给定深度"，给定角度为 360°；单击"所选轮廓"框，在图形区域中选择"轮廓 2"弧线段，单击 ✅"确定"按钮生成曲面-旋转 2，如图 16-3 所示。

（5）选择"上视基准面"，单击 📄（基准面）工具，给定偏移距离为 65 mm，单击 ✅"确定"按钮生成基准面 1,如图 16-4 所示。

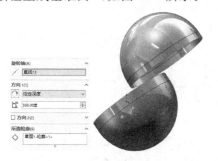

图 16-3　曲面-旋转 2

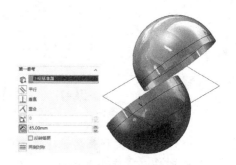

图 16-4　基准面 1

（6）单击 （剪裁曲面）工具,选择剪裁类型为"标准",激活"剪裁工具"选框,在图形区域展开的设计树中选择"上视基准面";选择"移除选择"选项,在图形区域中选择圆弧面下部分为要移除的面,单击 ✅ "确定"按钮生成曲面-剪裁 1,如图 16-5 所示。

（7）单击 （剪裁曲面）工具,选择剪裁类型为"标准",选择"基准面 1"为剪裁工具;选择"移除选择"选项,选择圆弧面上部为要移除的面,单击 ✅ "确定"按钮生成曲面-剪裁 2,如图 16-6 所示。

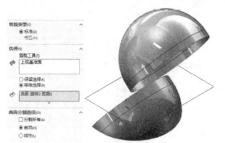

图 16-5　曲面-剪裁 1

图 16-6　曲面-剪裁 2

（8）在特征管理设计树中选择"前视基准面",单击 （草图绘制）工具绘制草图 2,应用 （中心线）、 （直线）、和 （智能尺寸）工具参照图 16-7 绘制图形,其中直线与中心线有"平行"几何关系。

（9）单击 （剪裁曲面）工具,选择剪裁类型为"标准",选择"草图 2"为剪裁工具;选择"移除选择"选项,选择圆弧面下部为要移除的面,单击 ✅ "确定"按钮生成曲面-剪裁 3,如图 16-8 所示。

（10）再次单击 （剪裁曲面）工具,选择剪裁类型为"标准",选择"前视基准面"为剪裁工具;选择"移除选择"选项,选择圆弧面左侧为要移除的面,单击 ✅ "确定"按钮生成曲面-剪裁 4,如图 16-9 所示。

（11）在特征管理设计树中显示"草图 1",单击 （基准面）工具,在图形区域的弹出设计树中选择"上视基准面"为第一参考;选择草图 1 的"点①"为第二参考,单击 ✅ "确定"按

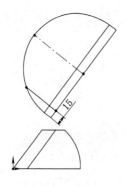

图 16-7　草图 2

图 16-8　曲面-剪裁 3

钮生成基准面 2，如图 16-10 所示。

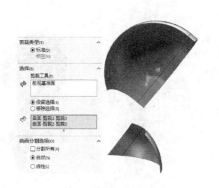

图 16-9　曲面-剪裁 4

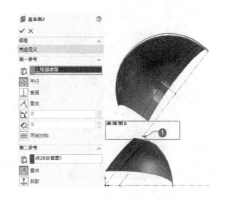

图 16-10　基准面 2

（12）隐藏"草图 1"，选择"前视基准面"，单击 ⬛（草图绘制）工具绘制草图 3，应用 ✏（直线）和 ⌒（3 点圆弧）工具参照图 16-11 绘制图形，添加圆弧①、②与弧面边线 ⟅ "相切"几何关系，添加直线 1 与圆弧①、② ⟅ "相切"几何关系。

（13）单击 🔲（3D 草图）工具绘制 3D 草图 1，单击 Ｎ（样条曲线）工具连接弧面右侧的上下节点形成直线样条线；接着，按住〈Ctrl〉键选择直线样条线和上弧面边线，添加 ⟅ "相切"几何关系，用同样的方法添加样条曲线与下弧面边线的 ⟅ "相切"几何关系，如图 16-12 所示。

（14）选择"基准面 2"，单击 ⬛（草图绘制）工具绘制草图 4，单击 ✏（直线）工具连接"草图 3"和"3D 草图 1"，如图 16-13 所示。单击图形区域右上角的 ↳ "确定"按钮退出草图 4 的绘制。

（15）单击曲面工具栏中的 🖋（边界曲面）工具，开启 SelectionManager 选择工具栏，单击 🖱（选择组）工具，在图形区域选择上弧面的两条底边线，单击选择工具栏的 ✓ "确定"按钮完成第 1 曲线选择，选择相切类型为"与面相切"；接着，选择草图 4 为第 2 曲线；最后，在图形区域选择下弧面的两条顶边线为第 3 曲线，选择相切类型为"与面相切"。激活

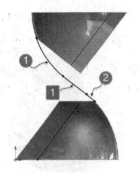

图 16-11　草图 3

图 16-12　绘制 3D 草图 1

"方向 2 曲线感应"框，接着在图形区域中选择"草图 3"和"3D 草图 1"。单击 ☑ "确定"按钮生成边界-曲面 1，如图 16-14 所示。

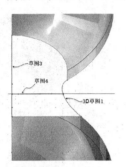

图 16-13　草图 4

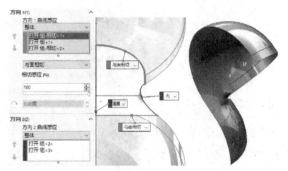

图 16-14　边界-曲面 1

(16) 单击特征工具栏中的 [镜像]工具，在图形区域的弹出设计树中选择"前视基准面"为镜像面，激活"要镜像的实体"选项框，选择图形区域中的所有曲面，单击 ☑ "确定"按钮生成镜像 1，如图 16-15 所示。

(17) 单击曲面工具栏中的 (缝合曲面)工具，选择图形区域中①～⑥曲面为操作对象，单击 ☑ "确定"按钮生成曲面-缝合 1，如图 16-16(a) 所示。

(18) 单击特征工具栏中的 (加厚)工具，选择"曲面-缝合 1"为要加厚的曲面，选择 "加厚两侧"，给定厚度为 2 mm，单击 ☑ "确定"按钮生成加厚 1，如图 16-16(b) 所示。

(19) 单击特征工具栏中中的 (圆角)工具，选择圆角类型为 "恒定大小圆角"，在图形区域中选择加厚 1 特征的两侧棱边，给定半径为 0.5 mm，单击 ☑ "确定"按钮生成圆角 1，如图 16-17 所示。

(20) 单击管理器栏上端的 DisplayManager 标签，双击外观管理栏的 颜色 选项；接着，在图形区域右侧的"外观、布景和贴图"任务窗口中依次选择"外观"→"玻璃"→"高厚光泽"→"棕色厚玻璃"，如图 16-18 所示。单击 ☑ "确定"完成实体的整体着色。

(21) 接下来的操作主要制作照明灯泡，在特征管理设计树中选择"前视基准面"，单击 (草图绘制)工具绘制草图 5，单击 (中心线)绘制灯罩的中心线；接着，应用 (直

图 16-15　镜像 1

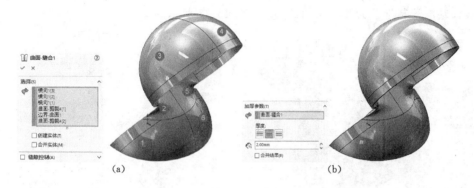

(a)　　　　　　　　　　　　(b)

图 16-16　曲面-缝合 1 与加厚 1

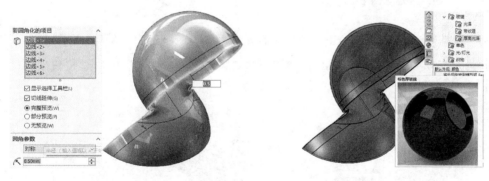

图 16-17　圆角 1　　　　　　　　图 16-18　整体着色

线)和 (智能尺寸)工具以中心线为基准绘制闭合图形,如图 16-19 所示。

(22)选择草图 5 的中心线,单击特征工具栏中的 (旋转凸台/基体)工具,选择旋转类型为"给定深度",给定角度为 360°,单击 "确定"按钮生成旋转 1,如图 16-20 所示。

(23)单击特征工具栏中的 (倒角)工具,选择类型为 "角度距离",在图形区域选择旋转 1 实体的底边线为操作对象,给定距离为 2 mm,角度为 45°;单击 "确定"按钮生成倒角 1,如图 16-21 所示。

(24)选择"前视基准面",单击 (草图绘制)工具绘制草图 6,单击 (中心线)绘制灯罩的中心线,接着应用 (圆)、 (直线)、 (裁剪实体)和 (智能尺寸)工具以

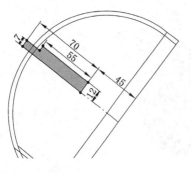

图 16-19　草图 5

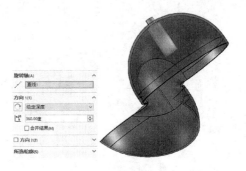

图 16-20　旋转 1

中心线为基准绘制半径为 24 mm 的灯泡,如图 16-22 所示。

图 16-21　倒角 1

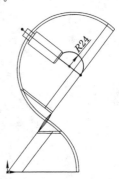

图 16-22　草图 6

(25) 选择草图 6 的中心线,单击特征工具栏中的 (旋转凸台/基体)工具,选择旋转类型为"给定深度",给定角度为 360°,取消"合并结果"选项,单击 ✓ "确定"按钮生成旋转 2,如图 16-23 所示。

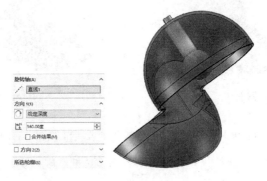

图 16-23　旋转 2

(26) 选择"前视基准面",单击 匚(草图绘制)工具绘制草图 7,单击 Ⅳ(样条曲线)工具沿着台灯的轮廓绘制电线,如图 16-24 所示。单击特征工具栏中的 ∅(扫描)工具,选择轮廓和路径类型为"圆形轮廓",给定直径为 3.2 mm,取消"合并结果"选项,单击 ✓ "确定"按钮生成扫描 1,如图 16-25 所示。

图 16-24   草图 7   图 16-25   扫描 1

　　(27) 在特征管理设计树" 实体(4) "选项下选择"倒角 1"实体,接着在图形区域右侧的"外观、布景和贴图"任务窗口中依次选择"外观"→"金属"→"铬"→"镀铬",双击镀铬图标确定材质赋予指定实体。

　　(28) 在" 实体(4) "选项下选择"旋转 2"实体,在"外观、布景和贴图"任务窗口中依次选择"外观"→"光/灯光"→"氖光管"→"黄氖光管"。用同样的方法赋予"扫描 1"实体的材质为"米白色软接触塑料"(塑料→ 软接触),如图 16-26 所示。

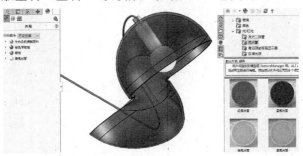

图 16-26   赋予材质

　　(29) 按下〈Ctrl ＋ 7〉键切换视图显示为"轴等侧"。在管理器栏中单击 DisplayManager → (查看布景、光源和相机)标签。右击 相机 选项,在下拉菜单中选择"添加相机"命令。在相机属性栏中选择"85 mm 远距摄像",接着,直接在图形区域使用快捷键调整照相机。提示:〈鼠标中键〉为实体旋转;〈Ctrl＋鼠标中键〉为移动视图;〈Shift＋鼠标中键〉为放大视图;〈Alt＋鼠标中键〉为视图面旋转。单击 ✓ (确定)按钮添加"相机 1",按下键盘〈空格〉键,显示视图浮动工具栏,选择" 相机1 "视图。

　　(30) 在图形区域右侧任务窗口标签栏的 (外观、布景和贴图)按钮,弹出任务窗口,依次选择" 布景 "→" 基本布景 "→"背景-工作间 2",双击此选项载入此布景。

　　(31) 在图形区域左侧的"布景、光源与相机"管理器栏中,双击 布景 (柔光聚光灯) 下属的 背景 (环境) 选项进入"编辑布景"管理,在"背景"选项框中选择"无",单击 ✓ (确定)按钮完成布景编辑,如图 16-27 所示。

　　(32) 开启"线光源 1",单击渲染工具栏中的 (选项)工具,选择"输出图像大小"为

"1024 * 768"；"最终渲染品质"为"最佳"，选择"直接焦散线"选项，单击 ✓ (确定)按钮完成渲染设置；接着，单击渲染工具栏中的 ● (最终渲染)工具启动 PhotoView 360 窗口渲染，渲染结果如图 16-28 所示。

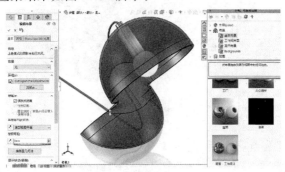
图 16-27　编辑布景

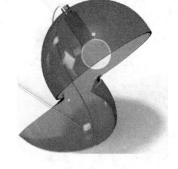
图 16-28　最终渲染效果

（33）单击标准工具栏中 🖫 (保存)工具，取名为"台灯. sldprt"。

17　便携式蓝牙扬声器制作

Beoplay A2 便携式蓝牙扬声器为 Bang & Olufsen(简称 B&O)公司的经典产品。Bang & Olufsen 作为世界顶级视听品牌,自 1925 年在丹麦斯特鲁尔(Struer)成立以来,一直以不断创造卓越科技和感性魅力完美结合的音频、视频产品享誉全球,充分体现了 Bang & Olufsen 质疑常规、绵延惊喜的企业愿景。Beoplay A2 产品造型简约时尚,数百个扬声圆孔成为产品视觉的中心,在整齐一致的秩序组合中带有一缕看似随意却奇妙的变化,像音乐的精灵在茂密的森林中随性地舞动,让用户在视觉和听觉的双重感知中享受节奏韵律所带来的美妙。

Beoplay A2 便携式蓝牙扬声器制作主要应用圆顶、拉伸曲面、加厚和填充阵列等工具完成,具体步骤如下:

(1) 单击标准工具栏中的 ▯ (新建)工具,在弹出的"新建 SolidWorks 文件"浮动框中选择 ▱ "零件"选项,单击"确定"按钮。

(2) 在特征管理设计树中选择"前视基准面",单击 ▭ (草图绘制)工具绘制草图 1,单击 ▣ (中心矩形)工具以草图原点为中心绘制 254 mm×140 mm 的矩形。单击特征工具栏中的 ▨ (拉伸凸台/基体)工具,选择开始条件为"等距",输入等距距离为 16 mm;选择终止条件为"给定深度",给定深度为 2.5 mm,单击 ✓ (确定)按钮生成凸台-拉伸 1,如图 17-1 所示。

(3) 在特征工具栏中选择 ▨ (圆顶)工具,在图形区域中选择实体的前视面为操作面,给定距离为 6 mm,单击 ✓ (确定)按钮生成圆顶 1,如图 17-2 所示。

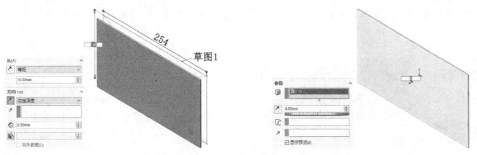

图 17-1　草图 1 与凸台-拉伸 1　　　　　　图 17-2　圆顶 1

(4) 单击特征工具栏中的 ▨ (圆角)工具,选择 ▨ "恒定大小圆角"类型,给定圆角半径为 25 mm;接着,在圆角参数栏选择轮廓类型为"圆锥 Rho",给定 ρ 值为 0.35;最后,在图形区域中选择实体的 4 条棱边——可以使用关联工具栏中的 ▨ (连接到开始面)工具快速选取,单击 ✓ (确定)按钮生成圆角 1,如图 17-3 所示。

(5) 再次单击 ▣ (圆角)工具,选择 ▣ "恒定大小圆角"类型,给定圆角半径为 1 mm;在图形区域中选择实体棱面,确保选择"切线延伸"选项,圆角轮廓为"圆形",单击 ✓ (确定)按钮生成圆角 2,如图 17-4 所示。

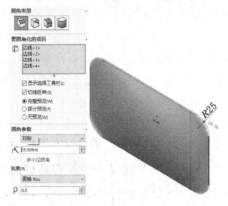

图 17-3　圆角 1

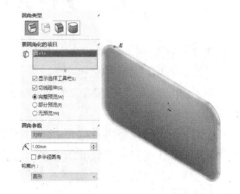

图 17-4　圆角 2

(6) 在特征管理设计树中选择"前视基准面",单击 ▢ (草图绘制)工具绘制草图 2,按〈Ctrl+8〉组合键切换视图为后视,选择实体中心面单击 ▢ (等距实体)工具,给定等距距离为 6 mm,选择"反向"选项,单击 ✓ (确定)按钮生成等距形体;接着,单击 ⌒ (3 点圆弧)工具以等距线的右上圆角节点为起始绘制半径为 15 mm 的圆弧,单击 ↗ (中心线)工具绘制水平中心线,单击 ◨◨ (镜像实体)工具,在图形区域中选择圆弧为要镜像的实体,选择中心线为镜像轴;最后,单击 ✄ (剪裁实体)工具,选择 ⊢ "剪裁到最近端"类型,选择等距线右侧的圆角为操作对象,如图 17-5 所示。

(7) 单击曲面工具栏中的 ▱ (拉伸曲面)工具,选择终止条件为"形成到实体",在图形区域中选择"圆角 2"实体,单击 ✓ (确定)按钮生成曲面-拉伸 1,如图 17-6 所示。

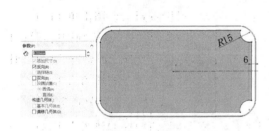

图 17-5　草图 2

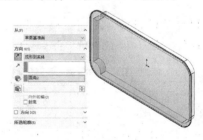

图 17-6　曲面-拉伸 1

(8) 单击曲面工具栏中的 ▣ (圆角)工具,选择 ▣ "恒定大小圆角"类型,给定圆角半径为 2 mm;在图形区域中使用关联工具栏中 ▨ (特征内部)工具选择曲面棱面,选择圆角轮廓为"圆形",单击 ✓ (确定)按钮生成圆角 3,如图 17-7 所示。

（9）单击曲面工具栏中的 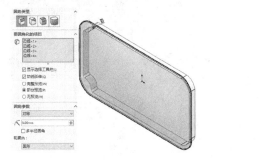（等距曲面）工具，按鼠标中键旋转视图，选择"圆角2"实体的背面为要等距的面，给定等距距离为0 mm，单击 ☑（确定）按钮生成曲面-等距1，隐藏"圆角2"实体，如图17-8所示。

图 17-7 圆角 3   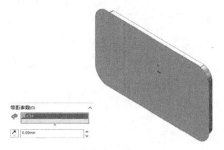图 17-8 曲面-等距 1

（10）单击曲面工具栏中的 （剪裁曲面）工具，选择"标准"类型，激活剪裁工具栏，在图形区域选择"圆角3"曲面，接着选择"移除选择"选项，在图形区域中选择"曲面-等距1"的内部面，单击 ☑（确定）按钮生成曲面-剪裁1，如图17-9所示。

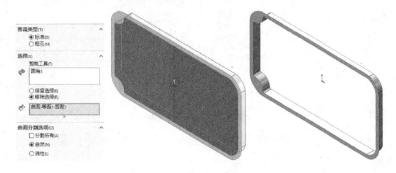

图 17-9 曲面-剪裁 1

（11）单击曲面工具栏中的 （缝合曲面）工具，在图形区域中选择所有曲面，单击 ☑（确定）按钮生成曲面-缝合1，如图17-10所示。

（12）曲面工具栏中的 （圆角）工具，选择 "恒定大小圆角"类型，在圆角参数栏中选择圆角方式为"非对称"，给定距离1为4 mm，距离2为4.6 mm；在图形区域中选择如图17-10所示的曲面内框边线①，注意确保"切线延伸"的选择，单击 ☑（确定）按钮生成圆角4，如图17-11所示。

（13）单击特征工具栏中的 （镜像）工具，在图形区域弹开设计树中选择"前视基准面"为镜像面，在图形区域中选择"圆角4"曲面为要镜像的实体，单击 ☑（确定）按钮生成镜像1，如图17-12所示。

（14）单击特征工具栏中的 （加厚）工具，选择"镜像1"曲面为要加厚的曲面，选择厚度类型为 "加厚侧边2"，给定厚度为1.5 mm，单击 ☑（确定）按钮生成加厚1，如

图 17-10　曲面-缝合 1

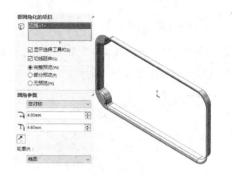

图 17-11　圆角 4

图 17-13 所示。

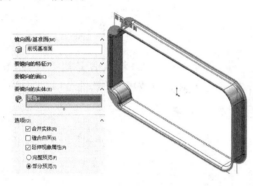

图 17-12　镜像 1

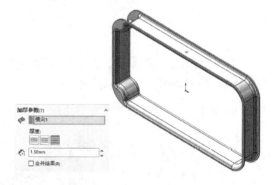

图 17-13　加厚 1

（15）在特征管理设计树中选择"前视基准面"，单击 ⌐（草图绘制）工具绘制草图 3，单击 ⊙（圆）工具在实体左上角绘制直径为 5.5 mm 的圆，单击 ⟡（智能尺寸）工具标注圆心与实体边线的尺寸，如图 17-14 所示。

（16）单击特征工具栏中的 ⬡（拉伸凸台/基体）工具，选择终止条件为"形成到下一面"，选择"方向 2"选项，修改方向 2 的终止条件也为"形成到下一面"，单击 ✔（确定）按钮生成凸台-拉伸 2，如图 17-15 所示。

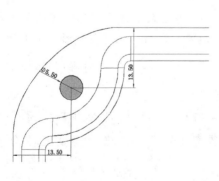

图 17-14　草图 3

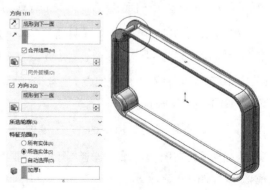

图 17-15　凸台-拉伸 2

　　(17) 单击特征栏中的 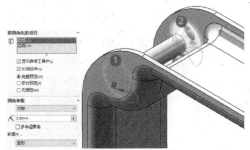 (圆角)工具,选择 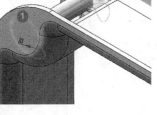 "恒定大小圆角"类型,给定半径为 3 mm,在图形区域选择"凸台-拉伸 2"两端的交线①、②,单击 ✓ (确定)按钮生成圆角 5,如图 17-16 所示。

　　(18) 单击特征工具中的 ✛ (镜像)工具,在图形区域弹开设计树中选择"上视基准面"为镜像面,在图形区域中选择"凸台-拉伸 2"和"圆角 5"为要镜像的特征,单击 ✓ (确定)按钮生成镜像 2,如图 17-17 所示。

图 17-16　圆角 5　　　　　　　　　　　图 17-17　镜像 2

　　(19) 在特征管理设计树中" 🔲 实体(2) "选项下选择"圆角 2",在关联工具栏中单击 👁 (显示)工具,选择"前视基准面",单击 ⎍ (草图绘制)工具绘制草图 4,选择"圆角 2"实体的表面①,单击 🔲 (转换实体引用)工具,如图 17-18 所示。

　　(20) 单击特征工具栏中的 🔲 (拉伸切除)工具,选择终止条件为"到离指定面指定的距离",在图形区域选择图 17-18 所示的"表面",给定等距离为 1 mm,在特征范围栏中取消"自动选项"选项,选择"圆角 2"为受影响的实体,单击 ✓ (确定)按钮生成切除-拉伸 1,如图 17-19 所示(右为剖面视图显示)。

图 17-18　草图 4　　　　　　　　　　　图 17-19　切除-拉伸 1

　　(21) 接下来的操作将使用 🔳 (填充阵列)工具制作扬声圆孔,但 🔳 (填充阵列)工具只能作用于平面,所以需要借助一个新生成的平坦面实体来辅助完成曲面实体的填充阵列操作。选择"前视基准面",单击 ⎍ (草图绘制)工具绘制草图 5,单击 🔲 (中心矩形)工具绘制尺寸为 140 mm×254 mm 的矩形;单击特征工具栏中 🔲 (拉伸凸台/基体)工具,选择开始条件为"等距",给定距离为 50 mm;选择终止条件为"给定深度",给定深度为 1 mm,单击 ☑ (确定)按钮生成凸台-拉伸 3,如图 17-20 所示。

(22) 选择"前视基准面",单击 ☐ (草图绘制)工具绘制草图 6,单击 ▣ (中心矩形)工具绘制尺寸为 123 mm×235 mm 的矩形,单击 ⌐ (绘制圆角)工具,为矩形四个角绘制半径为 15 的圆角;单击曲线工具栏中的 ▧ (分割曲线)工具,选择"投影"分割类型,在图形区域选择"凸台-拉伸 3"实体的前视面为要分割的面,单击 ☑ (确定)按钮生成分割线 1,如图 17-21 所示。

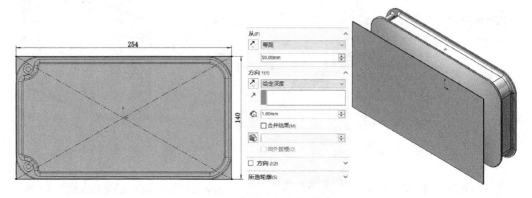

图 17-20　草图 5 与凸台-拉伸 3

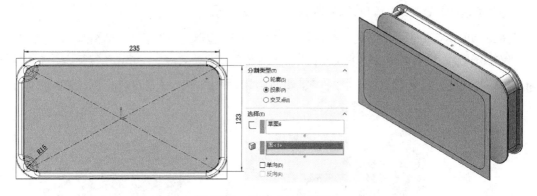

图 17-21　草图 6 与分割线 1

(23) 单击特征工具栏中的 ▦ (填充阵列)工具,在图形区域中选择"分割线 1"内的平面为 ▧ "填充边界",选择阵列布局为 ▦ "穿孔",给定实例间距为 4.3 mm,角度为 60°;在特征和面栏中选择"生成源切",单击 ◎ "圆"图标,给定直径为 2.8 mm;激活可跳过的实例选项框,参照图 17-22 在图形区域中选择①~⑧个实例点;在特征范围栏取消"自动选项"选项,在图形区域中选择"切除-拉伸 1"为受影响的实体。单击 ☑ (确定)按钮生成填充阵列 1,如图 17-22 所示。

(24) 单击特征工具栏中的 ▦ (删除/保留实体),选择"删除"类型,选择"分割线 1"为要删除的实体,单击 ☑ (确定)按钮生成实体-删除/保留 1,如图 17-23 所示。

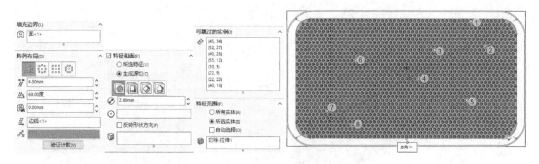

图 17-22　填充阵列 1

（25）单击特征工具栏中的（镜像）工具，在图形区域弹开设计树中选择"前视基准面"为镜像面，激活"要镜像的实体"框，选择"填充阵列 1"实体，单击 ☑（确定）按钮生成镜像 2，如图 17-24 所示。

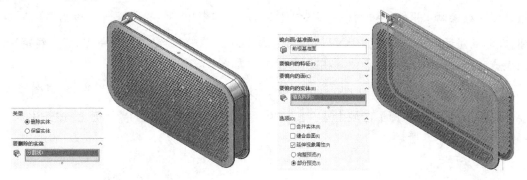

图 17-23　实体-删除/保留 1　　　　　　　　　　图 17-24　镜像 2

（26）选择"上视图基准面"，单击 ▢（草图绘制）工具绘制草图 7，应用 ⚹（中心线）、◉（圆）和 ⬭（中心点直槽口）工具参照图 17-25 绘制形体，为两圆与竖直中心线添加"对称"几何关系，单击 ⬩（智能尺寸）工具以草图原点为基准点完全定义尺寸。

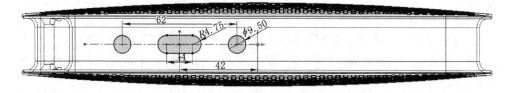

图 17-25　草图 7

（27）单击特征工具栏中的 ▧（拉伸切除）工具，选择终止条件为"给定深度"，给定的深度为 0.3 mm，选择"薄壁特征"选项栏，选择类型为"单向"，给定厚度为 0.1 mm，单击 ☑（确定）按钮生成切除-拉伸-薄壁 1，如图 17-26 所示。

（28）单击特征工具栏中的 ▧（倒角）工具，选择倒角类型为 ▱ "角度距离"，给定距离为 0.3 mm，角度为 45°；接着，在图形区域中选择扬声器按钮"切除-拉伸-薄壁 1"的外沿边线,单击 ✔ (确定)按钮生成倒角1,如图17-27所示。

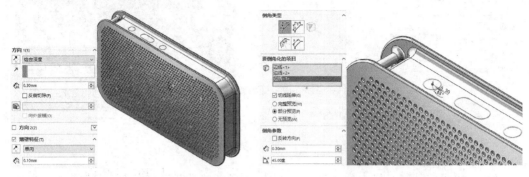

图 17-26 切除-拉伸-薄壁 1   图 17-27 倒角 1

（29）选择"上视基准面",单击 ⊏ (草图绘制)工具绘制草图8,单击 ✎ (中心线)工具过草图原点绘制水平线,单击 Ａ (文字)工具,在文本框中输入"— ＋",单击"字体"按钮,在浮动对话框中修改字体为"黑体",高度为5 mm,单击"确定"按钮,单击 ✔ (确定)按钮生成文字;移动文字控制点使其在按钮的中央,如图17-28所示。

（30）单击曲线工具栏中的 ⊗ (分割线)工具,选择分割类型为"投影",选择"草图8"为要投影的草图,接着在图形区域中选择按钮表面为要分割的面,单击 ✔ (确定)按钮生成分割线2,如图17-29所示。

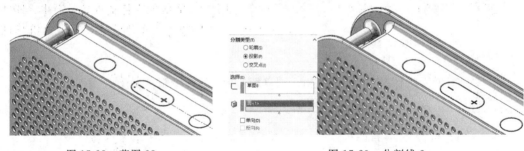

图 17-28 草图 28   图 17-29 分割线 2

（31）单击图形区域右侧任务窗口标签栏的 ● (外观、布景和贴图)按钮,弹出任务窗口,依次选择"布景"→"基本布景"→"柔光罩",双击"柔光罩"选项载入此布景;继续选择选择"外观"→"金属"→"镀铬",双击载入材质。

（32）在图形区域中选择调音按钮上的"— ＋"面,选择"外观"→"油漆"→"喷射"→"黑色喷漆",双击载入材质。

（33）在图形区域中选择左侧圆钮,选择 ⊟ "贴图"→"注册商标",双击载入贴图;接下来修改贴图样式,单击属性栏上端的"图像"标签,在贴图预览栏单击"浏览"按钮,在打开对话框中选择如图17-30所示的白底黑图的"开关"图片;接着,在掩码图形栏中选择"图形掩码文件"选项,单击"浏览"按钮,选择黑底白图的"开关"图片;单击"映射"标签,选择"固定高宽比例"选项,修改 � 高度为5 mm,选择"竖直镜像"选项;单击"照明度"标签,选择"使用内在外观"，单击 ☑（确定）按钮完成开关按钮的贴图，如图17-30所示。

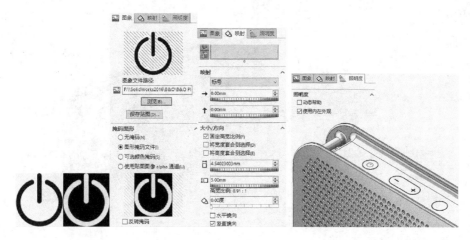

图17-30　开关按钮的贴图

（34）应用步骤（33）的方法为右侧圆钮添加如图17-31所示的蓝牙图标。

（35）在管理器栏中单击 🌐 渲染管理→ 🎬（查看布景、光源和相机）标签。右击 📹 相机 选项，在下拉菜单中选择"添加相机"命令。在相机属性栏中选择"135 mm 远距摄像"；接着，直接在图形区域使用快捷键调整照相机，如图17-32所示。提示：〈鼠标中键〉为实体旋转；〈Ctrl＋鼠标中键〉为移动视图；〈Shift＋鼠标中键〉为放大视图；〈Alt＋鼠标中键〉为视图面旋转。单击 ☑（确定）按钮添加"相机1"。按下键盘〈空格〉键，切换相机视图。

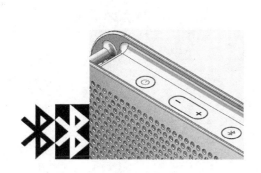

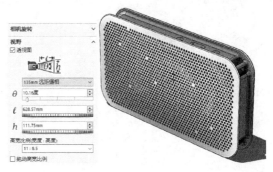

图17-31　蓝牙图标　　　　　　　　　图17-32　添加相机

（36）在管理器栏中单击 🌐（DisplayManager）→ 🎬（查看布景、光源和相机）标签。右击"PhotoView 360 光源"→"线光源1"选项，在弹出菜单中选择"在 PhotoView 360 中打开"命令，双击"线光源1"选项显示属性栏，在 PhotoView 360 标签栏下选择"阴影"选项，修改阴影柔和度为4°；接着，在"基本"标签栏中，修改经度值为－30°，纬度值为45°，单击 ☑（确定）按钮完成灯光设置。单击渲染工具栏中的 🔧（选项）工具，选择"输出图像大小"为"1024＊768"；"最终渲染品质"为"最佳"，单击 ☑（确定）按钮完成渲染设置。单击

渲染工具栏中的 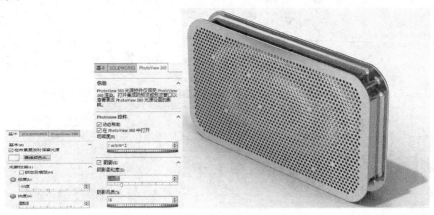（最终渲染）工具，启动 PhotoView 360 窗口渲染，最终渲染效果如图 17-33 所示。

图 17-33　渲染效果

18　自鸣水壶制作

自鸣水壶（Kettle 9093）由美国著名的设计师迈克尔·格雷夫斯（Michael Graves）设计，产品造型简约现代，镜面抛光的不锈钢材质壶体与壶嘴上初出茅庐的小鸟交相呼应，体现了现代几何美学与自然有机艺术的完美结合，产品历经数十余年依然经典不衰。

自鸣水壶制作包括四个部分，壶体制作、提手制作、壶嘴制作和壶盖制作，主要应用抽壳、包覆、放样和自由形等工具完成，具体步骤如下：

（1）单击标准工具栏中的 ▯（新建）工具，在弹出的"新建 SolidWorks 文件"浮动框中选择 🗒 "零件"选项，单击"确定"按钮。

（2）首先制作自鸣水壶第一部分：壶体。在特征管理设计树中选择"上视基准面"，单击 ⌐（草图绘制）工具绘制草图 1，单击 ⊙（圆）工具以草图原点为中心绘制直径为 216 mm 的圆。

（3）单击特征工具栏中的 🗊（拉伸凸台/基体）工具，选择终止条件为"给定深度"，给定深度为 103 mm，单击 🗊 "拔模开/关"按钮，给定拔模角度为 30°，单击 ✔（确定）按钮生成凸台-拉伸 1，如图 18-1 所示。

（4）单击特征工具栏中的 🗊（圆角）工具，选择圆角类型为 🗊 "恒定大小圆角"，选择"多半径"选项，在图形区域选择实体的上下边线，给定上边线半径为 0.5 mm，下边线半径为 3 mm，单击 ✔（确定）按钮生成圆角 1，如图 18-2 所示。

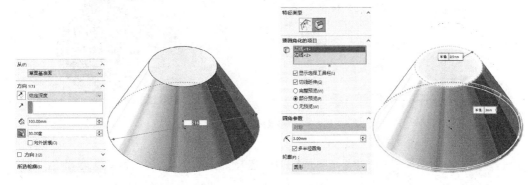

图 18-1　草图 1 与凸台-拉伸 1　　　　　图 18-2　圆角 1

（5）选择"上视基准面"，单击 ⌐（草图绘制）工具绘制草图 2，单击 ⊙（圆）工具以草图原点为中心绘制直径为 78 mm 的圆。单击曲线工具栏中的 🗊（分割线）工具，选择分割类型为"投影"，选择实体顶面 1 为要分割的面，✔（确定）按钮生成分割线 1，如图 18-3

所示。

(6) 单击特征工具栏中的 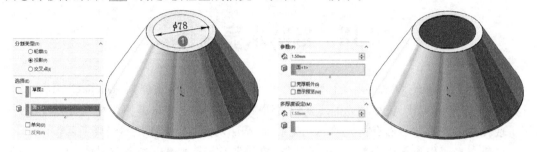（抽壳）工具,给定厚度为 1.5 mm,选择如图 18-3 所示的面①为移除的面, ✔ （确定）按钮生成抽壳 1,如图 18-4 所示。

图 18-3 草图 2 与分割线 1　　　　　　　　图 18-4 抽壳 1

(7) 选择"上视基准面",单击 ▢ （草图绘制）工具绘制草图 3,单击 ◉ （圆）工具绘制直径为 5 mm 的圆。按住〈Ctrl〉键选择圆心与草图原点,添加 ▯ "竖直"几何关系,单击 ✍ （智能尺寸）工具标注圆心到草图原点的距离为 16.5 mm。单击图形区域右上角的 ↳ "确定"图标,结束草图 3 绘制。

(8) 单击特征工具栏中的 ▦ （包覆）工具,选择包覆类型为 ▨ "蚀雕",包覆方法为 ▨ "样条曲面"选择"草图 3"为源草图;接着,在图形区域中选择实体圆锥面为要包覆的面,给定深度为 0.9 mm,单击 ✔ （确定）按钮生成包覆 1,如图 18-5 所示。

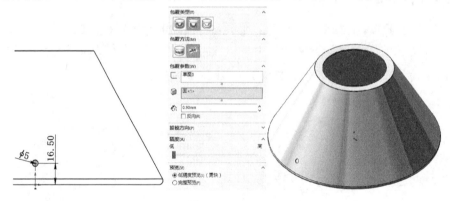

图 18-5 草图 3 与包覆 1

(9) 单击特征工具栏中的 ▨ （圆角）工具,选择圆角类型为 ▨ "恒定大小圆角",给定半径为 1 mm,选择"包覆 1"特征的凹面边线,单击 ✔ （确定）按钮生成圆角 2。

(10) 单击图形区域上端前导视图工具栏中的 ◈ （隐藏/显示项目）工具右侧箭头,在下拉工具栏中选择 ▨ （观阅临时轴）工具。单击特征工具栏中的 ▨ （圆周阵列）工具,在图形区域中选择"临时轴"为阵列轴,选择"等间距",给定 ▨ 角度为 360°, ❀ 实例数为 24;激活特征和面选项栏下的 ▨ "要阵列的面"选项框,然后图形区域中选择"包覆 1"和"圆角

2"特征形成的两个面,单击 ✔ (确定)按钮生成阵列(圆周)1,如图 18-6 所示。注意:包覆特征具有方向性,所以整列操作中不能使用"特征"选项框完成操作。

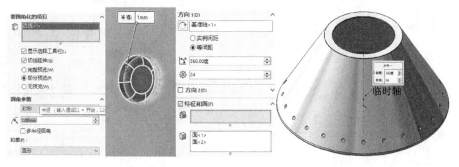

图 18-6　圆角 2 与阵列(圆周)1

(11) 上述步骤基本完成壶体的绘制,但不难发现壶体在包覆特征作用下的薄壁比主体壁厚小了 0.9 mm,所以需要做一定调整。在特征管理设计树中选择"抽壳 1"选项,按住鼠标左键将其拖拽到"阵列(圆周)1"项目的下面,此时可以看到壶体内部产生阵列凸起,如图 18-7 所示。

(12) 按住〈Shift〉键在特征管理设计树中选择"凸台-拉伸 1"到"抽壳 1"的所有项目,右击鼠标键在弹出菜单中选择"添加到新文件夹"命令,取名为"壶体",如图 18-8 所示。

图 18-7　调整特征顺序　　　　　　　　图 18-8　添加到新文件夹

(13) 接下来制作自鸣水壶的第二部分:提手。在特征管理设计树中选择"前视基准面",单击 ▢ (草图绘制)工具绘制草图 4,单击 ✐ (中心线)工具重合实体上端面绘制虚线,接着单击 ⌒ (3 点圆弧)工具以中心线为起始绘制直径为 135 mm 的圆弧,按住〈Ctrl〉键选择圆心与草图原点,添加 ▯ "竖直"几何关系。单击 ⌐ (分割实体)工具,在圆弧上确立两个分割点,单击 ⟋ (智能尺寸)工具为草图完全定义,如图 18-9 所示。单击图形区域右上角的 ↳ "确定"按钮结束草图 4 的绘制。

(14) 单击特征工具栏中的 ⬀ (扫描)工具,选择扫描类型为"圆形轮廓",选择"草图 4"为路径,给定直径为 5 mm,单击 ✔ (确定)按钮生成扫描 1,如图 18-10 所示。

(15) 选择"右视基准面",单击 ▢ (草图绘制)工具绘制草图 5,单击 ◎ (圆)工具绘制

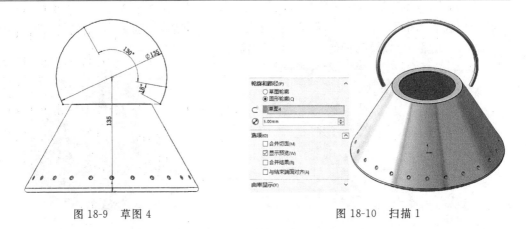

图 18-9　草图 4　　　　　　　　　　图 18-10　扫描 1

直径为 5 mm 和 10 mm 的同心圆,为圆心与草图原点添加 ⏐"竖直"几何关系,单击 ✍ (智能尺寸)工具完全定义草图,如图 18-11 所示,单击图形区域右上角的 ↳✔"确定"按钮结束草图 5 的绘制。

(16) 单击特征工具栏中的 🗇 (包覆)工具,选择包覆类型为 🗇 "浮雕",包覆方法为 🖼 "样条曲面",选择"草图 5"为源草图;接着,在图形区域中选择实体圆锥面为要包覆的面,给定深度为 2 mm,注意图形区域中的箭头方向朝右,单击 ✔ (确定)按钮生成包覆 2。

(17) 在特管理设计树中选择"草图 5",单击 🗇 (包覆)工具重复步骤(15)的操作生成包覆 3,注意包覆的投射方向朝左,如图 18-12 所示。提示:此步骤不能使用 🕩🕪 (镜像)工具完成"包覆 2"特征的镜像,因为包覆特征具有方向性。

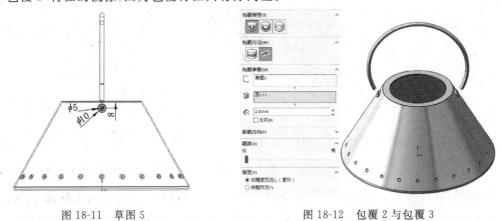

图 18-11　草图 5　　　　　　　　　图 18-12　包覆 2 与包覆 3

(18) 单击特征工具栏中的 🗇 (圆角)工具,选择圆角类型为 🗇 "恒定大小圆角",给定半径为 1 mm,选择"包覆 2"和"包覆 3"特征的外凸缘,单击 ✔ (确定)按钮生成圆角 3,如图 18-13 所示。

(19) 单击特征工具栏中的 ⬇ (放样凸台/基体)工具,在图形区域中选择"包覆 2"特征的内凸缘①和"扫描 2"实体的端面边线②为放样轮廓,选择开始约束为"与面相切",给定相切长度为 0.8;选择结束为"与面相切",给定相切长度为 0.7,单击 ☑(确定)按钮生成放样1,如图18-14所示。

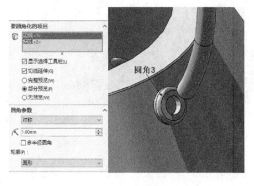
图 18-13 圆角 3

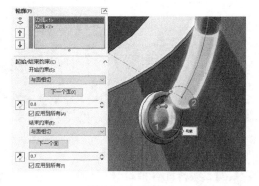
图 18-14 放样 1

(20) 单击特征工具栏中的 ⊞⊞(镜像)工具,在图形区域弹开设计树中选择"右视图基准面"为镜像面,激活"要镜像的实体"选项框,选择"放样1"实体。取消"合并实体"选项,单击 ☑(确定)按钮生成镜像1。

(21) 单击特征工具栏中的 ⬚(组合)工具,选择操作类型为"添加",在图形区域中选择"扫描1"①、"放样1"②和"镜像1"③实体。单击 ☑(确定)按钮生成组合1,如图18-15所示。

(22) 显示"草图4",单击特征工具栏中的 ⬱(扫描)工具,选择扫描类型为"圆形轮廓",开启 SelectionManager 选择管理工具栏,单击 ⬱(选择组)工具在图形区域中选择"草图4"的中间圆弧1为路径,给定直径为13 mm,取消"合并实体"选项,单击 ☑(确定)按钮生成扫描2,如图18-16所示。

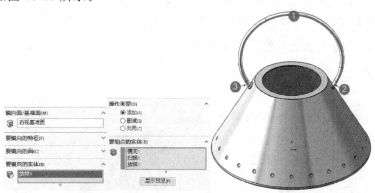
图 18-15 镜像 1 与组合 1

(23) 单击特征工具栏中的 ⬭(圆顶)工具,选择"扫描2"的右端面,给定距离为3 mm,单击 ☑(确定)按钮生成"圆顶1"①,以此方法选择"扫描2"的左端面生成"圆顶2"②,如图18-17所示。

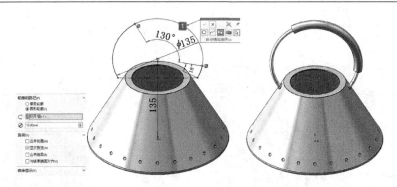

图 18-16　扫描 2

（24）在特征管理设计树中选择"前视基准面"，单击 ⊏（草图绘制）工具绘制草图 6，应用 /（直线）、⊙（圆）和 ✂（剪裁实体）工具绘制直径为 11 mm 的半圆，按住〈Ctrl〉键选择圆弧和"草图 4"的分割点，添加"重合"几何关系，如图 18-18 所示。

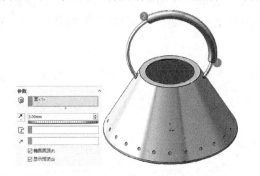

图 18-17　圆顶 1 与圆顶 2

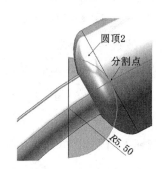

图 18-18　草图 6

（25）单击特征工具栏中的 🠒（旋转凸台/基体）工具，选择"草图 6"的竖直线为旋转轴，选择旋转类型为"给定深度"，给定角度为 360°；在特征范围属性栏下取消"自动选项"选项，接着在图形区域中选则"圆顶 2"实体，单击 ✔（确定）按钮生成旋转 1，如图 18-19 所示。

图 18-19　旋转 1

（26）显示"草图 4"，选择"前视基准面"，单击 ⊏（草图绘制）工具绘制草图 7，单击

■(点)工具,在"草图 4"的弧线上绘制点,如图 18-20 所示。单击图形区域右上角的 ⤷ "确定"图标结束草图 7 绘制。

(27)单击特征工具栏中的 🏛️(草图阵列)工具,在图形区域弹开设计树中选择"草图 7"为参考草图,选择参考类型为"重心",激活"要阵列的特征"选项框,选择"旋转 1"特征,单击 ☑(确定)按钮生成草图阵列 1,如图 18-21 所示。

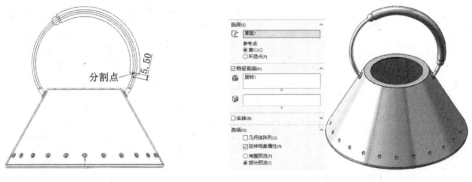

图 18-20 草图 7   图 18-21 草图阵列 1

(28)继续显示"草图 4",单击特征工具栏中的 🎿(扫描)工具,选择扫描类型为"圆形轮廓",开启 SelectionManager 选择管理工具栏,单击 🏹(选择组)工具在图形区域中选择"草图 4"的中间圆弧①(图 18-16 所示)为路径,给定直径为 13 mm,取消"合并实体"选项,选择"薄壁特征"选项栏,选择类型为"单项",给定厚度为 6 mm,单击 ☑(确定)按钮生成扫描-薄件 1,如图 18-22 所示。

(29)单击曲线工具栏中的 📦(分割线)工具,选择分割类型为"投影",选择"草图 4"为要投影的草图;接着,在图形区域选择"扫描-薄件 1"表面为要分割的面,单击 ☑(确定)按钮生成分割线 2,如图 18-23 所示。

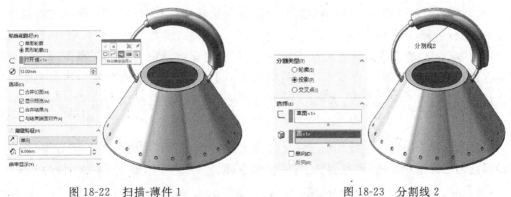

图 18-22 扫描-薄件 1   图 18-23 分割线 2

(30)选择"前视基准面",单击 🔲(草图绘制)工具绘制草图 8,单击 🔲(等距实体)工具,给定等距距离为 5 mm,选择"偏移集合体"选项;接着,在图形区域中选择把手内轮廓线,单击 ☑(确定)按钮生成等距弧线;单击 📏(中心线)工具连接等距弧线的圆心和两个端点,再以此绘制夹角为 5°的"虚线 1";单击 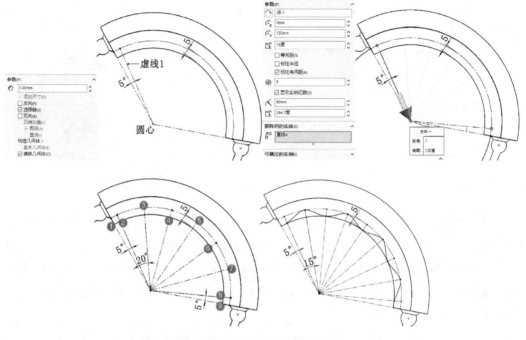（圆周草图阵列）工具,激活阵列中心选项框,在图形区域中选择"圆心",选择"标注角间距"选项,给定角度为 15°,实例数为 9,激活"要阵列的实体"选项框,在图形区域中选择"虚线 1",单击 ✓（确定）按钮生成阵列虚线;最后,单击 Ⓝ（样条曲线）工具连接①～⑨的交叉点（注意操作时光标显示 ✗）,单击图形区域右上角的 ↳（"确定"图标结束草图 8 绘制,其绘制流程如图 18-24 所示。

图 18-24　草图 8 绘制流程

（31）单击特征工具栏中的 （自由形）工具,选择"分割线 2"下部分的面为要变形的面,单击"添加曲线"按钮和"反向（标签）"按钮,移动鼠标指针到曲面下端,单击左键确定一条控制曲线;接着,在属性栏中单击"添加点"按钮,在控制曲线上添加 9 个控制点,注意每个控制点与"草图 8"的样条曲线上的节点相对应,右击鼠标键结束"添加点"操作;最后,选择控制点将其拖拽到"草图 8"样条曲线上的对应节点上（具有自动吸附功能）,然后在图形区域的所有"连续性"选项框中选择"相切",单击 ✓（确定）按钮生成自由形 1,如图 18-25 所示。

（32）按住〈Shift〉键,在特征管理设计树中选择"扫描 1"到"自由形 1"的所有项目,右击鼠标键在弹出菜单中选择"添加到新文件夹"命令,取名为"提手",如图 18-26 所示。

（33）接下来制作自鸣水壶的第三部分:壶嘴。选择"右视基准面",单击 （草图绘制）工具绘制草图 9,单击 ◎（圆）工具绘制直径为 50 mm 的圆,其中圆心与草图原点有 ⊥"竖直"几何关系,单击 （智能尺寸）工具完全定义草图,如图 18-27 所示,单击图形区域右上角的 ↳（"确定"图标结束草图 9 绘制。

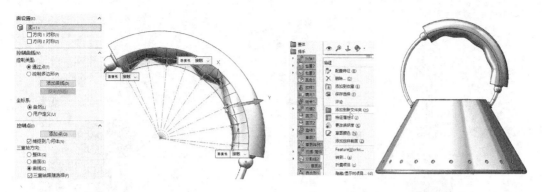

图 18-25 自由形 1　　　　　　　　图 18-26 添加到新文件夹

（34）单击特征工具栏中的 ⊞（包覆）工具，选择包覆类型为 ⊞ "浮雕"，包覆方法为 ⊞ "样条曲面"选择，"草图 9"为源草图，接着在图形区域中选择实体圆锥面为要包覆的面，给定深度为 1 mm，选择"反向"选项确定箭头方向朝左，单击 ✔（确定）按钮生成包覆 4，如图 18-28 所示。

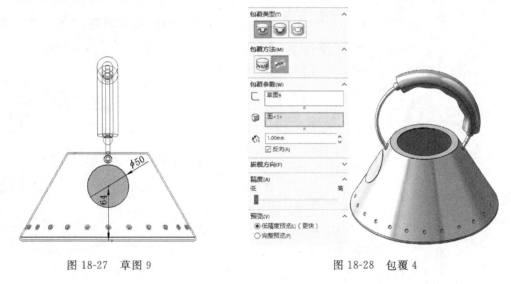

图 18-27 草图 9　　　　　　　　图 18-28 包覆 4

（35）选择"右视基准面"，单击 ⊏（草图绘制）工具绘制草图 10，选择"草图 9"单击 ⊏（等距实体）工具，给定等距距离为 3 mm，选择"反向"选项，单击图形区域右上角的 ⤷ "确定"图标结束草图 10 绘制。单击特征工具栏中的 ⊞（包覆）工具，选择包覆类型为 ⊞ "刻划"，包覆方法为 ⊞ "样条曲面"，选择"草图 10"为源草图；接着，在图形区域中选择"包覆 4"的表面，单击 ✔（确定）按钮生成包覆 5，如图 18-29 所示。

（36）选择"前视基准面"，单击 ⊏（草图绘制）工具绘制草图 11，单击 ／（直线）工具绘制长为 60 mm 的线段；接着，为直线"端点"与"包覆 5"曲线 ⊡ 添加 ⊗ "穿透"几何关系；按〈Ctrl＋8〉组合键切换视图为正视；最后，为"直线"与壶体"轮廓边线"① 添加 ⊥ "垂直"

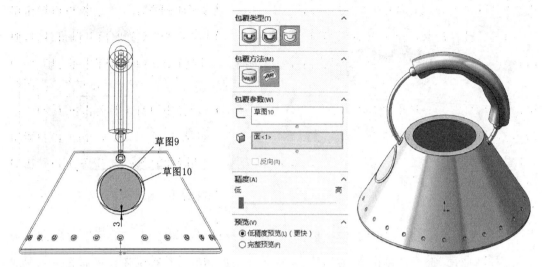

图 18-29　草图 10 与包覆 5

几何关系,如图 18-30 所示,单击图形区域右上角的 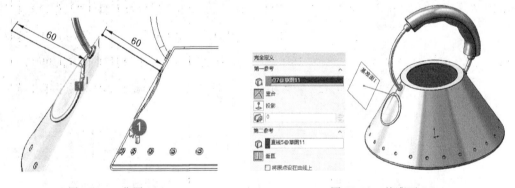 "确定"图标结束草图 11 绘制。

(37) 单击参考几何体工具栏中 (基准面)工具,选择"草图 11"的直线为第一参考,单击 ⊥"垂直"按钮;接着,选择"草图 11"的上端点为第二参考,单击 ✓(确定)按钮生成"基准面 1",如图 18-31 所示。

图 18-30　草图 11

图 18-31　基准面 1

(38) 选择"基准面 1",单击 (草图绘制)工具绘制草图 12,单击 (中心线)工具绘制水平线段,单击图形区域右上角的 "确定"图标结束草图 12 绘制,如图 18-32 所示。

(39) 单击参考几何体工具栏中 (基准面)工具,选择"草图 12"的中心线为第一参考,单击 "重合"按钮;接着,选择"基准面 1"为第二参考,单击 "两面夹角"按钮,给定角度为 10°,单击 ✓(确定)按钮生成"基准面 2",如图 18-33 所示。

(40) 隐藏"基准面 1",选择"基准面 2",单击 (草图绘制)工具绘制草图 13,单击 (圆)工具绘制直径为 19 mm 的圆,其中圆心与草图原点有 ⊥"竖直"几何关系,按 〈Ctrl〉键选择圆弧和"草图 11"的上端点,添加 "重合"几何关系,如图 18-34 所示。单击

图 18-32　草图 12

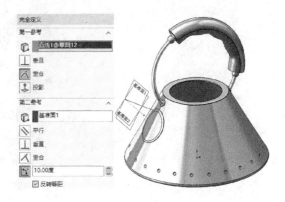

图 18-33　基准面 2

⮌ "确定"图标结束草图 13 绘制。

（41）隐藏"基准面 1"、"基准面 2"和"草图 12"，单击特征工具栏中的 ⬇（放样凸台/基体）工具，选择"草图 13"①和"包覆 5"边线②为放样轮廓；接着，激活"引导线"选项框，在图形区域弹开设计树中选择"草图 11"⬜，取消"合并结果"选项，单击 ✔（确定）按钮生成放样 2，如图 18-35 所示。

图 18-34　草图 13

图 18-35　放样 2

（42）在图形区域中选择壶体（即包覆 5），单击关联工具栏中的 ◈（隐藏）工具。单击特征工具栏中的 ▣（抽壳）工具，给定厚度为 1.5，然后选择壶嘴的两个端面①、②，单击 ✔（确定）按钮生成抽壳 2，如图 18-36 所示。

（43）显示壶体（即"包覆 5"），接着展开"显示窗格"，在"放样 2"和"抽壳 2"选项的右侧窗格中开启 👁 "透明显示"。单击曲面工具栏中的 ▨（直纹曲面）工具，选择类型为"相切与曲面"，给定距离为 10 mm，在图形区域中选择"抽壳 2"特征内壁下端的边线①，单击"交替面"按钮使操作箭头指向"抽壳 2"的内壁，单击 ✔（确定）按钮生成直纹曲面 1，如图 18-37 所示。

（44）单击特征工具栏中的 ▤（使用曲面切除）工具，选择"直纹曲面 1"为操作面，单击 ↗ "反向"按钮，在特征范围栏中取消"自动选项"，并在图形区域中选择壶体（即"包覆 5"），单

图 18-36　抽壳 2

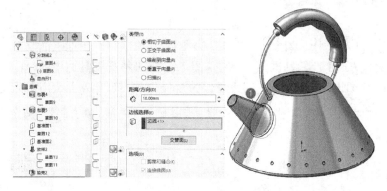

图 18-37　直纹曲面 1

击 ☑ (确定)按钮生成使用曲面切除 1,如图 18-38 所示。

(45) 关闭显示窗格中 👁 "透明显示",单击特征工具栏中的 🔲 (组合)工具,选择操作类型为"添加",在图形区域中选择壶嘴"抽壳 2"和壶体"使用曲面切除 1",单击 ☑ (确定)按钮生成组合 1,如图 18-39 所示。

图 18-38　使用曲面切除 1　　　　　　　图 18-39　组合 1

(46) 单击特征工具栏中的 🔲 (圆角)工具,选择类型为 🔲 "恒定大小圆角",给定半径为 1 mm,在图形区域中选择边线①,单击 ☑ (确定)按钮生成圆角 4,如图 18-40 所示。

(47) 再次单击 🔲 (圆角)工具,选择类型为 🔲 "面圆角",参照图 18-41 选择"面组①"

和"面组②",选择圆角方法为"包络控制线";接着,在图形区域选择"控制线①",单击 <input type="checkbox" checked />
(确定)按钮生成圆角5。

(48)按住〈Shift〉键,在特征管理设计树中选择"包覆4"到"圆角5"的所有项目,右击鼠标键在弹出菜单中选择"添加到新文件夹"命令,取名为"壶嘴"。

图 18-40　圆角 4　　　　　　　　　　　　　　图 18-41　圆角 5

(49)接下来制作自鸣水壶的第四部分:壶盖。选择"前视基准面",单击 <input type="checkbox" />(草图绘制)工具绘制草图 14,参照图 18-42 应用 (中心线)、 (直线)、 (3 点圆弧)和 (智能尺寸)工具绘制完全定义形体,其中"竖直线①"与草图原点具有 "重合"几何关系,"弧线①"与"中心线②"具有 "相切"几何关系,"弧线①"与"弧线②"具有 "相切"几何关系。

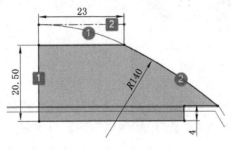

图 18-42　草图

(50)单击特征工具栏中的 (旋转凸台/基体)工具,选择"竖直线 1"为旋转轴,旋转类型为"给定深度",给定角度为 360°,取消"合并结果"选项;接下来,激活"所选轮廓"选项框,选择"草图 14"下方闭合区域,单击 <input type="checkbox" checked />(确定)按钮生成旋转 2,如图 18-43 所示。

(51)单击特征工具栏中的 (圆角)工具,选择圆角类型为 "恒定大小圆角",给定半径为 0.3 mm,选择"旋转 2"壶盖的沿边,单击 <input type="checkbox" checked />(确定)按钮生成圆角 6,如图 18-44 所示。

(52)选择壶盖顶面,单击 (草图绘制)工具绘制草图 15,保持顶面的选择,单击 (等距实体)工具,给定等距距离为 5 mm;接着,单击曲面工具栏中的 (分割线)工具,选择分割类型为"投影",选择壶盖顶面为要分割的面,单击 <input type="checkbox" checked />(确定)按钮生成分割线 3,如

图 18-43　旋转 2　　　　　　　　　　　图 18-44　圆角 6

图 18-45 所示。

（53）单击特征工具栏中的 ▦（抽壳）工具，给定厚度为 1.5 mm，选择"分割线 3"内的面，单击 ✔（确定）按钮生成抽壳 3，如图 18-46 所示。

图 18-45　草图 15 与分割线 3　　　　　　　图 18-46　抽壳 3

（54）显示"草图 14"，并保持"草图 14"的选择，单击特征工具栏中的 ▧（旋转凸台/基体）工具，右击"旋转轴"选项框，在弹出菜单中选择"取消选择"命令；然后再在图形区域中选择"竖直线①"为旋转轴，旋转类型为"给定深度"，给定角度为 360°，取消"合并结果"选项；接下来，激活"所选轮廓"选项框，选择"草图 14"上方"轮廓①"，单击 ✔（确定）按钮生成旋转 3，如图 18-47 所示。

（55）隐藏"抽壳 3"实体，单击特征工具栏中的 ▦（抽壳）工具，给定厚度为 1.5 mm，选择"旋转 3"实体的底面，单击 ✔（确定）按钮生成抽壳 4，如图 18-48 所示。

（56）选择"上视基准面"，单击 ▥（基准面）工具，给定偏移距离为 125.5 mm，单击 ✔（确定）按钮生成基准面 3。保持"基准面 3"的选择，单击 ⌐（草图绘制）工具绘制草图 16，单击 ⊙（圆）工具以草图原点为圆心绘制直径为 11 mm 的圆。单击特征工具栏中的 ✎（扫描）工具，选择轮廓与轮径类型为"圆形轮廓"，给定直径为 2.5 mm，取消"合并结果"选项，单击 ✔（确定）按钮生成扫描 3，如图 18-49 所示。

（57）选择"前视基准面"，单击 ⌐（草图绘制）工具绘制草图 17，应用 ⊙（圆）、╱（直

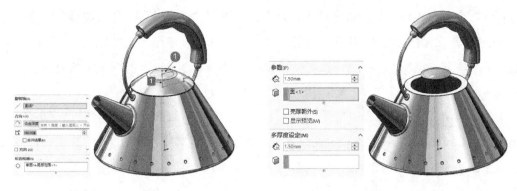

图 18-47 旋转 3   图 18-48 抽壳 4

图 18-49 基准面 3、草图 16 和扫描 3

线)、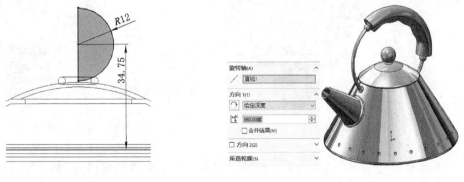(剪裁实体)和 ✍(智能尺寸)工具绘制半径为 12 mm 的半圆,如图 18-50 所示。

（58）选择"草图 17"的竖直线,单击特征工具栏中的 ⚙(旋转凸台/基体)工具,旋转类型为"给定深度",给定角度为 360°,取消"合并结果"选项,单击 ✔(确定)按钮生成旋转 2,如图 18-51 所示。

图 18-50 草图 17   图 18-51 旋转 4

（59）隐藏壶体——即"圆角 5"实体,按鼠标中键选择视图,选择壶盖底面,单击 ⬜(草图绘制)工具绘制草图 18,首先单击 ⊙(圆)工具以草图原点为圆心绘制直径为 68 mm 构造线圆,单击 ✏(直线)工具,以圆为边界绘制正交线段;接着,单击 ⬜(等距实体)工具,给定等距距离为 2 mm,在图形区域中选择正交直线,选择"双向"和"顶端加盖"→"圆弧"选项,选择构造几何体类型为"基本几何体",单击 ✓ (确定)按钮生成等距线;最后单击 ⊙ (圆)工具绘制直径为 10 mm 的圆,再使用 ✂ (剪裁实体)工具剪去形体内部的所有线段,如图 18-52 所示。

(60)单击特征工具栏中的 ⬢ (拉伸凸台/基体)工具,选择终止类型为"给定深度",给定深度为 2 mm,单击 ⬦ "拔模开/关"按钮,给定角度为 30°,选择"方向 2"选项栏,给定深度为 2 mm,单击 ✓ (确定)按钮生成凸台-拉伸 3,如图 18-53 所示。

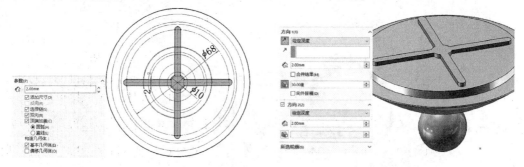

图 18-52 草图 18   图 18-53 凸台-拉伸 3

(61)单击特征工具栏中的 ⬡ (压凹)工具,选择"抽壳 3"壶盖为目标实体,选择"移除选择"选项,激活"工具实体区域"选项框,在图形区域中选择"凸台-拉伸 3"凸出的部分,给定厚度为 1 mm,单击 ✓ (确定)按钮生成压凹 1,如图 18-54 所示。

(62)单击特征工具栏中 ⬢ (删除/保留实体)工具,选择类型为"删除",选择"凸台-拉伸 3"为要删除的实体,单击 ✓ (确定)按钮生成实体-删除/保留 1,如图 18-55 所示。

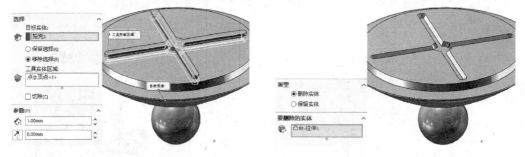

图 18-54 压凹 1   图 18-55 实体-删除/保留 1

(63)显示"圆角 5"壶体。单击图形区域右侧任务窗口标签栏的 ⬤ (外观、布景和贴图)按钮,弹出任务窗口,依次选择"布景"→"基本布景"→"柔光罩",双击"柔光罩"选项载入布景。

(64)如图 18-56 所示,在特征管理设计树中选择"圆角 5"、"组合 1"、"扫描 3"和"压凹 1"实体,添加"镀铬"材质;选择"旋转 4"和"草图阵列 1"实体,添加"黑色中等光泽塑料";选择"自由形 1"实体,添加"蓝色软接触塑料";选择"抽壳 4"实体,添加"透明厚玻璃"。

图 18-56　添加材质

（65）在管理器栏中单击 ⬤ 渲染管理→ ▨（查看布景、光源和相机）标签。右击 📷相机 选项，在下拉菜单中选择"添加相机"命令。在相机属性栏中选择"135 mm 远距摄像"；接着，直接在图形区域使用快捷键调整照相机。提示：〈鼠标中键〉为实体旋转；〈Ctrl＋鼠标中键〉为移动视图；〈Shift＋鼠标中键〉为放大视图；〈Alt＋鼠标中键〉为视图面旋转。单击 ✓（确定）按钮添加"相机 1"，按下键盘〈空格〉键，切换相机视图。

（66）在管理器栏中单击 ⬤（DisplayManager）→ ▨（查看布景、光源和相机）标签。右击"PhotoView 360 光源"→"线光源 1"选项，在弹出菜单中选择"在 PhotoView 360 中打开"命令，双击"线光源 1"选项显示属性栏，在 PhotoView 360 标签栏下选择"阴影"选项，修改阴影柔和度为 4°；接着，在"基本"标签栏中，修改经度值为－80°，纬度值为 60°，单击 ✓（确定）按钮完成灯光设置。单击渲染工具栏中的 ⬤（选项）工具，选择"输出图像大小"为"1024＊768"；"最终渲染品质"为"最佳"，单击 ✓（确定）按钮完成渲染设置。单击渲染工具栏中的 ⬤（最终渲染）工具启动 PhotoView 360 窗口渲染，最终渲染效果如图 18-57 所示。

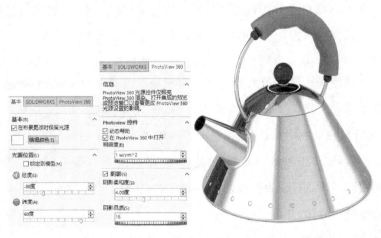

图 18-57　渲染效果

19　苹果手表制作

苹果手表(Apple Watch)是 苹果公司于 2014 年 9 月公布的一款智能手表。Apple Watch 拥有各种各样的个性化表盘,具有随心改变、自定义的设置。在自定义的表盘上,可以增加天气、下一个活动等实用信息,可以显示用户的心跳信息。与 iPhone 配合使用,同全球标准时间的误差不超过 50 毫秒。

苹果手表制作包括 6 个部分:主体、表盘、两个表带、金属扣和装配,主要应用分割、比例放缩、阵列和弯曲等工具完成。

19.1　苹果手表主体制作

(1) 单击标准工具栏中的 ▢ (新建)工具,在弹出的"新建 SolidWorks 文件"浮动框中选择 ▧ "零件"选项,单击"确定"按钮。

(2) 首先制作苹果手表的第一部分:表盘。在特征管理设计树中选择"上视基准面",单击 ▢ (草图绘制)工具绘制草图 1,单击 ▣ (中心矩形)工具以草图原点为中心绘制 38.56×33.27 mm 的矩形。单击特征工具栏中的 ▧ (拉伸凸台/基体)工具,选择终止条件为"两侧对称",给定深度为 10.5 mm,单击 ✔ (确定)按钮生成凸台-拉伸 1,如图 19-1 所示。

(3) 单击特征工具栏中的 ▧ (圆角)工具,选择类型为 ▧ "恒定大小圆角",给定半径为 6.53 mm,在图形区域中选择实体的 4 条竖直棱边(可使用 ▧ 关联工具栏中的"链接到开始面"工具快速选择),单击 ✔ (确定)按钮生成圆角 1,如图 19-2 所示。

(4) 单击特征工具栏中的 ▧ (圆角)工具,选择类型为 ▧ "完整圆角",激活"面组 1"选项框,在图形区域中选择实体顶面;激活"中央面组",选择实体的侧面;激活"面组 2",选择实体的底面,单击 ✔ (确定)按钮生成圆角 2,如图 19-3 所示。

(5) 在特征管理设计树中选择"前视基准面",单击 ▢ (草图绘制)工具绘制草图 2,首先单击 ✎ (中心线)工具绘制基准参考线;接着,应用 ⌒ (3 点圆弧)和 ╱ (直线)工具参照图 19-4 绘制相切形体;最后,为圆弧和中心线交叉点添加 ⩗ "重合"几何关系,为两斜线段与中心线添加 ▨ "对称"几何关系。

(6) 单击标准工具栏中的 ▧ (保存)工具,取名为"苹果手表. sldprt"。

(7) 在特征管理设计树中选择"草图 2",单击特征工具栏中的 ▧ (分割)工具,以"草图

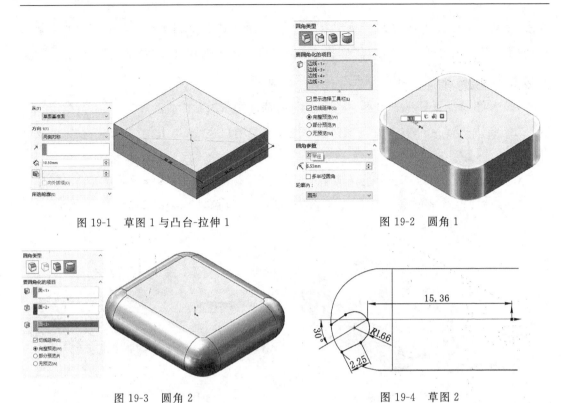

图 19-1 草图 1 与凸台-拉伸 1 　　　　　　　图 19-2 圆角 1

图 19-3 圆角 2 　　　　　　　　　　图 19-4 草图 2

2"为切割工具,单击"切除零件"按钮;接着,在所产生实体选项框中,单击表框中的 ![icon] 图标选择所有,双击 1 文件栏,取名为"表盘.sldprt",双击 2 文件栏,取名为"表带.sldprt",单击 按钮生成分割 1,如图 19-5 所示。

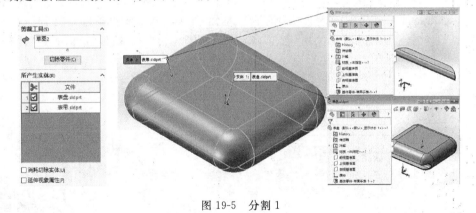

图 19-5 分割 1

(8) 单击标准工具栏中的 工具,再关闭"苹果手表.sldprt"文件。

19.2 表盘制作

(1) 单击标准工具栏中的 工具,选择上一小节生成的"表盘.sldprt"文件。

注意：在新零部件文件中，系统将重新以"1、2、3…"顺序命名草图或特征。单击特征工具栏中的 ▨（使用曲面切除）工具，在图形区域弹开设计树中选择"右视基准面"，单击 ↗ "反转切除"按钮，单击 ✓（确定）按钮生成使用曲面切除 1，如图 19-6 所示。

（2）单击特征工具栏中的 ▧（倒角）工具，选择倒角类型为 ▱ "角度距离"，给定距离为 0.1 mm，角度为 45°，接着在图形区域中选择表带槽口边线，单击 ✓（确定）按钮生成倒角 1。

（3）单击特征工具栏中的 ▥（镜像）工具，选择"右视基准面"为镜像面，激活"要镜像的实体"选项框，在图形区域中选择唯一实体，单击 ✓（确定）按钮生成镜像 1，如图 19-7 所示。

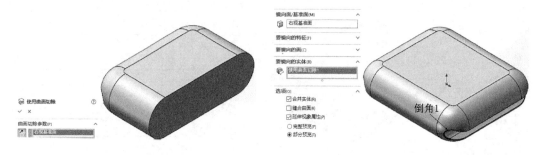

图 19-6　使用曲面切除 1　　　　　图 19-7　倒角 1 与镜像 1

（4）选择"前视基准面"，单击 ▭（草图绘制）工具绘制草图 1，单击 ▢（直槽口）工具绘制槽口；接着，为槽口中心线与草图原点添加 ↗ "重合"几何关系，单击 ◢（智能尺寸）工具完全定草图，如图 19-8 所示。注意：标注圆弧两端尺寸时，先按住〈Shift〉键。

（5）单击特征工具栏中的 ▨（拉伸凸台/基体）工具，选择终止条件为"到离指定面指定的距离"，接着在图形区域中选择"面 1"，给定距离为 0.42 mm，选择"反向等距"、"转化曲面"、"合并结果"选项，单击 ✓（确定）按钮生成凸台-拉伸 1，如图 19-9 所示。

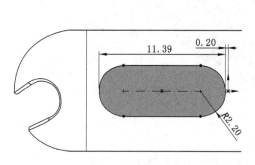

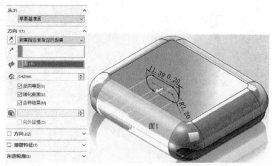

图 19-8　草图 1　　　　　　　　　图 19-9　凸台-拉伸 1

（6）在特征管理设计树中选择"草图 1"，单击特征工具栏中的 ▣（拉伸切除）工具，选择开始条件为"等距"，输入距离值为 20 mm；选择终止条件为"到离指定面指定的距离"，接着在图形区域中选择"面 1",给定距离为 0.2 mm,选择"反向等距"、"转化曲面"选项;选择"薄壁特征"选项栏,选择类型为"单向",给定厚度为 0.1 mm,单击 ✓ (确定)按钮生成"切除-拉伸-薄壁 1",如图 19-10 所示。

(7) 在图形区域中选择实体的顶面,单击 ⊏ (草图绘制)工具绘制草图 2,单击 ✗ (中心矩形)工具以草图原点为中心绘制形体,按住〈Ctrl〉键选择矩形边线和同侧实体边线,添加 ✗ "共线"几何关系,如图 19-11 所示。

图 19-10 切除-拉伸-薄壁 1

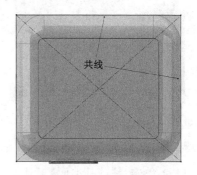

图 19-11 草图 2

(8) 单击特征工具栏中的 ▦ (拉伸凸台/基体)工具,选择终止条件为"给定深度",给定深度为 6.04 mm,取消"合并结果"选项,单击 ✓ (确定)按钮生成凸台-拉伸 2,如图 19-12 所示。

(9) 单击特征工具栏中的 ▦ (圆角)工具,选择类型为 ▦ "恒定大小圆角",给定半径为 6.53 mm,在图形区域中选择"凸台-拉伸 1"实体的 4 条竖直棱边,单击 ✓ (确定)按钮生成圆角 1,如图 19-13 所示。

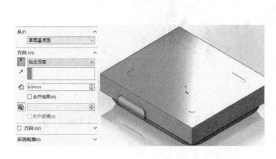

图 19-12 凸台-拉伸 1

图 19-13 圆角 1

(10) 再次单击 ▦ (圆角)工具,选择类型为 ▦ "恒定大小圆角",给定半径为 6.04 mm;接着,选择圆角方式为"圆锥 Rho",给定 ρ 值为 0.5;最后,在图形区域中选择"凸台-拉伸 1"实体的顶面,单击 ✓ (确定)按钮生成圆角 2,如图 19-14 所示。

（11）单击 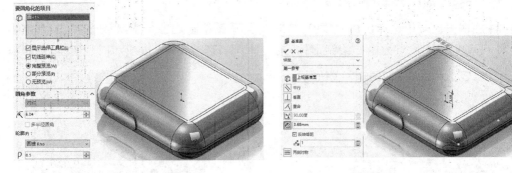（基准面）工具，在图形区域弹开设计树中选择"上视基准面"为第一参考，给定偏移距离为 3.68 mm，单击 ☑（确定）按钮生成基准面 1，如图 19-15 所示。

图 19-14　圆角 2　　　　　　　　　　　　　图 19-15　基准面 1

（12）单击特征工具栏中的 ▧（使用曲面切除）工具，在图形区域弹开设计树中选择"基准面 1"，单击 ⤴ "反转切除"按钮，取消"自动选择"选项，在弹开设计树中选择"切除-拉伸-薄壁 1"实体，单击 ☑（确定）按钮生成使用曲面切除 2，如图 19-16 所示。

（13）单击 ▥（基准面）工具，在图形区域弹开设计树中选择"基准面 1"为第一参考，给定偏移距离为 0.17 mm，单击 ☑（确定）按钮生成基准面 2。

（14）单击特征工具栏中的 ▧（使用曲面切除）工具，在图形区域弹开设计树中选择"基准面 2"，取消"自动选择"选项，在图形区域弹开设计树中选择"圆角 2"实体为受影响的实体，单击 ☑（确定）按钮生成使用曲面切除 3，如图 19-17 所示。

图 19-16　使用曲面切除 2

（15）隐藏"使用曲面切除 2"实体。选择"基准面 2"，单击 ▭（草图绘制）工具绘制草图 3，选择"使用曲面切除 3"实体的底面，单击 ▣（转换实体引用）工具。

（16）单击特征工具栏中的 ▧（拉伸凸台/基体）工具，选择终止条件为"形成到实体"，单击 ⤴ "方向"按钮，在图形区域弹开设计树中选择"使用曲面切除 2"实体；取消"自动选择"选项，选择"使用曲面切除 3"实体为受影响的实体，单击 ☑（确定）按钮生成凸台-拉伸 3，如图 19-18(a)所示。继续单击特征工具栏中的 ▨（抽壳）工具，给定厚度为 0.5 mm，选

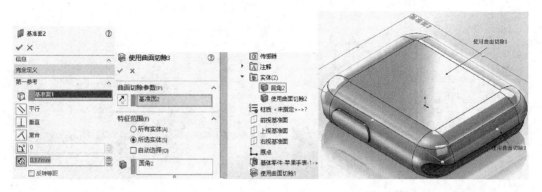

图 19-17　基准面 2 与使用曲面切除 3

择"凸台-拉伸 3"实体的底面为移除的面,单击 ✓ (确定)按钮生成抽壳 1,如图 19-18(b)所示。注意抽壳操作时,可以先隐藏"凸台-拉伸 3"实体。

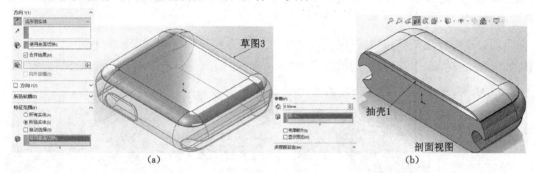

图 19-18　草图 3、凸台-拉伸 3 和抽壳 1

(17) 显示"使用曲面切除 2"实体。选择"前视基准面",单击(草图绘制)工具绘制草图 4,参照图 19-19 应用(中心线)、(圆)和(智能尺寸)工具绘制直径为 7.2 mm 的圆。

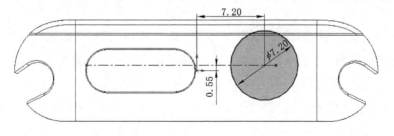

图 19-19　草图 4

(18) 单击特征工具栏中的 (拉伸凸台/基体)工具,选择开始条件为"等距",输入等距值为 18.255 mm;选择终止条件为"形成到一顶点";接着,在图形区域中选择"顶点 1";取消"合并结果"选型,单击 ✓ (确定)按钮生成凸台-拉伸 4,如图 19-20 所示。

(19) 单击特征工具栏中的 (圆角)工具,选择类型为 "恒定大小圆角",给定半径为 1 mm;然后,在图形区域中选择"凸台-拉伸 4"实体的两端边线,单击 ✓ (确定)按钮生成圆角 3,如图 19-21 所示。

图 19-20　凸台-拉伸 4

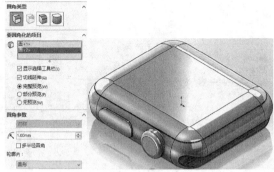

图 19-21　圆角 3

(20) 单击特征工具栏中的 （移动/复制实体）工具,在图形区域弹开设计树中选择"圆角 3"实体,选择"复制"选项,给定 份数为 2,单击 （确定）按钮生成实体-移动/复制 1,如图 19-22 所示。

(21) 单击特征工具栏中的 （比例缩放）工具,在图形区域弹开设计树中选择"实体-移动/复制 1[1]"实体,选择比例放缩点为"重心",选择"统一比例放缩"选项,给定比例因子为 1.03,单击 （确定）按钮生成缩放比例 1,如图 19-23 所示。

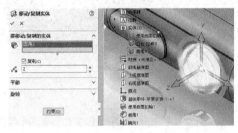

图 19-22　实体-移动/复制 1

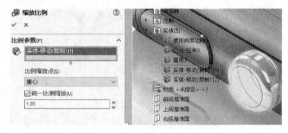

图 19-23　缩放比例 1

(22) 单击特征工具栏中的 （组合）工具,选择操作类型为"删减",在图形区域弹开设计树中选择"使用曲面切除 2"为主要实体,选择"缩放比例 1"为减除的实体,单击 （确定）按钮生成组合 1,如图 19-24 所示。

(23) 单击特征工具栏中的 （抽壳）工具,给定厚度为 0.15 mm,激活 "实体"选项框,在图形区域弹开设计树中选择"圆角 3"实体,单击 （确定）按钮生成抽壳 2,如图 19-25 所示。

(24) 在图形区域中选择"抽壳 2"实体的前端面,单击 （草图绘制）工具绘制草图 5,单击 （直线）工具连接圆边线的节点,如图 19-26 所示。

(25) 单击特征工具栏中的 （拉伸切除）工具,选择终止条件为"给定深度",给定深度为 1 mm;接着,选择"薄壁特征"选项栏,选择薄壁类型为"两侧对称",给定厚度为 0.15 mm;最后,取消"自动选择"选项,在弹开设计树中选择"抽壳 2"为受影响实体,单击 （确定）按钮生成切除-拉伸-薄壁 2,如图 19-27 所示。

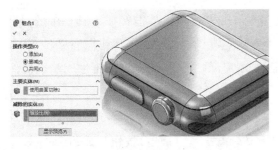

图 19-24　组合 1　　　　　　　　　　图 19-25　抽壳 2

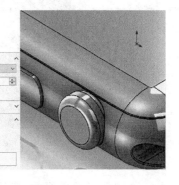

图 19-26　草图 5　　　　　　　　图 19-27　切除-拉伸-薄壁 2

　　(26) 在特征管理设计树中隐藏"实体-移动/复制 1[2]"选项,单击特征工具栏中的 (圆角)工具,选择类型为 "恒定大小圆角",给定半径为 0.075 mm;在图形区域中选择"切除-拉伸-薄壁 2"特征的四条棱边,单击 ✓(确定)按钮生成圆角 4,如图 19-28 所示。

　　(27) 在图形区域前导视图工具栏中选择 ●▼"隐藏/显示项目",显示 "临时轴"。单击特征工具栏中的 (圆周阵列)工具,选择"临时轴 1"为阵列轴,选择"等间距"类型,给定角度为 360°,实例数为 50;激活"要阵列的特征"选项框,在弹开设计树中选择"切除-拉伸-薄壁 2"和"圆角 4"特征,单击 ✓(确定)按钮生成阵列(圆周)1,如图 19-29 所示。

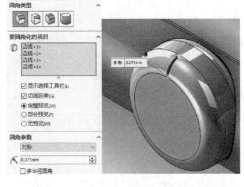

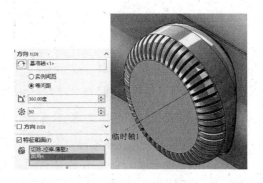

图 19-28　圆角 4　　　　　　　　图 19-29　阵列(圆周)1

（28）隐藏临时轴，然后显示"实体-移动/复制 1[2]"选项。单击特征工具栏中的 （比例缩放）工具，在弹开设计树中选择"实体-移动/复制 1[2]"实体，选择比例缩放点为"重心"，选择"统一比例缩放"选项，给定比例因子为 0.97，单击 ✓（确定）按钮生成缩放比例 2，如图 19-30 所示。

（29）单击特征工具栏中的 ❖（组合）工具，选择操作类型为"添加"，在图形区域弹开设计树中选择"阵列（圆周）1"和"缩放比例 2"实体，单击 ✓（确定）按钮生成组合 2，如图 19-31 所示。

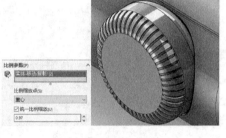

图 19-30　缩放比例 2　　　　　　　　　　图 19-31　组合 2

（30）选择表盘的底面，按〈Ctrl＋8〉组合键，单击 ▱（草图绘制）工具绘制草图 6，单击 ◎（圆）工具以草图原点为圆心绘制直径为 23.56 mm 的圆。单击特征工具栏中的 ▦（拉伸凸台/基体）工具，选择方向 1 终止条件为"给定深度"，给定深度为 1.05 mm，取消"合并结果"选项，单击 ▨"拔模开/关"按钮，给定角度为 45°；选择方向 2 终止条件为"成形到实体"，在弹开设计树中选择"组合 1"实体，单击 ▨ 方向 2 的"拔模开/关"按钮，给定角度为 1°；单击 ✓（确定）按钮生成凸台-拉伸 5，如图 19-32 所示。

（31）选择"凸台-拉伸 5"实体底面，单击 ▱（草图绘制）工具绘制草图 7，保持底面选择单击 ▧（转换实体引用）工具；单击特征工具栏中的 ▦（拉伸凸台/基体）工具，选择终止条件为"给定深度"，给定深度为 0.22 mm，单击 ▨"拔模开/关"按钮，给定角度为 85°；单击 ✓（确定）按钮生成凸台-拉伸 6，如图 19-33 所示。

（32）选择"凸台-拉伸 6"实体底面，单击 ▱（草图绘制）工具绘制草图 8，参照图 19-34 所示应用 ✏（中心线）、◎（圆）、▥（镜像实体）和 ✎（智能尺寸）工具绘制形体，选择所有圆，添加 ＝"相等"几何关系；选择上方圆与实体边线，添加 ◔"相切"几何关系。

（33）单击曲线工具栏中的 ▩（分割线）工具，选择类型为"投影"，在图形区域中选择底面为要分割的面，✓（确定）按钮生成分割线 1，如图 19-35 所示。

（34）参照图 19-37 所示，在特征管理设计树中选择"组合 1"、"组合 2"，添加"镀铬"材质；选择"抽壳 1"实体，添加"透明厚玻璃"，双击"透明厚玻璃"选项对材质进行编辑，单击 ▲"照明度"标签，改变透明量为 0.99，单击 ✓（确定）按钮结束编辑；选择"分割线 1"实体，添加"蓝色厚玻璃"，修改颜色为黑色，透明量为 0.1；最后，在图形区域选择"分割线 1"内

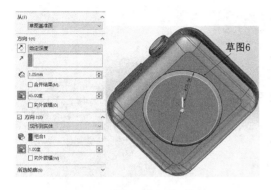

图 19-32　草图 6 与凸台-拉伸 5

图 19-33　草图 7 与凸台-拉伸 6

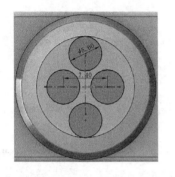

图 19-34　草图 8

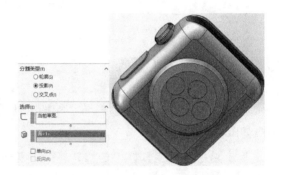

图 19-35　分割线 1

的四个圆面，在外观管理树中右击"镀铬"选项，在弹出菜单中选择"附加到选择"命令。

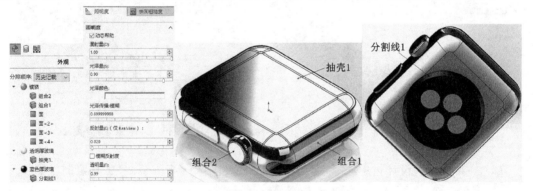

图 19-36　添加材质

（35）在特征管理设计树中选择并隐藏"组合 1"选项，接着选择"抽壳 1"实体的所有底面，选择 🛢 "贴图"→"条码"，双击载入贴图；接下来修改贴图样式，在贴图预览栏单击"浏览"按钮，在打开对话框中选择如图 19-37(a)所示的图片；单击属性栏上端的"映射"标签，选择映射类型为"投影"，选择"固定高宽比例"，给定 ☐ 宽度为 30 mm，选择"水平镜像"选项；单击"照明度"标签，修改照明强度为 0.50 W/srm^2，单击 ✓（确定）按钮完成贴图设置，如图 19-37 所示。

（36）单击标准工具栏中的 💾（保存）工具，并关闭此文件。

(a)　　　　　　　　　　　　　　　(b)

图 19-37　设置贴图

19.3　表带制作

（1）下面步骤将制作表带，单击标准工具栏中的 （打开）工具，选择"表带.sldprt"文件，如图 19-38 所示。

（2）单击特征工具栏中的 （移动/复制实体）工具，在图形区域选择实体为操作对象，取消"复制"选项，展开旋转栏，给定 Z 旋转角度为−30°，单击 （确定）按钮生成实体-移动/复制 1，如图 19-39 所示。

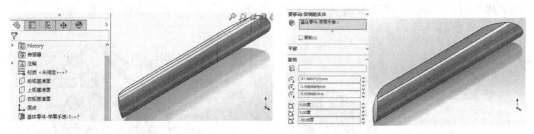

图 19-38　"表带.sldprt"文件　　　　　　图 19-39　实体-移动/复制 1

（3）在特征管理设计树中选择"前视基准面"，单击 （草图绘制）工具绘制草图 1，单击 （中心线）工具以弧边线节点为起点绘制长为 9 mm 的线段，如图 19-40 所示，单击图形区域右上角的 "确定"图标退出草图绘制。

（4）单击 （基准面）工具，选择"草图 1"的中心线为第一参考；选择中心线左端点为第二参考，如图 19-41 所示，单击 （确定）按钮生成基准面 1。

（5）选择"基准面 1"，单击 （草图绘制）工具绘制草图 2，单击 （中心矩形）工具绘制 21 mm×1.7 mm 的矩形，按住〈Ctrl〉键选择矩形中心点与"草图 1"中心线，添加 "穿透"几何关系，如图 19-42 所示。

（6）单击特征工具栏中的 （拉伸凸台/基体）工具，选择终止条件为"给定深度"，给

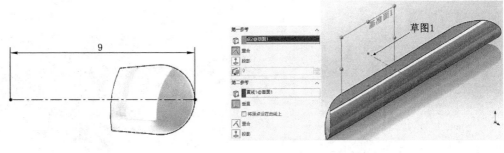

图 19-40　草图 1　　　　　　　　　　图 19-41　基准面 1

定深度为 101 mm,单击 ☑（确定）按钮生成凸台-拉伸 1,如图 19-43 所示。

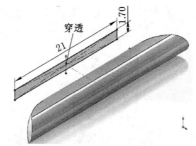

图 19-42　草图 2

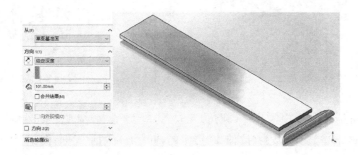

图 19-43　凸台-拉伸 1

（7）隐藏"草图 1",单击特征工具栏中的 ▦（边界凸台/基体）工具,在图形区域中选择"凸台-拉伸 1"实体的右侧端面,修改相切类型为"与面相切";接着,选择"实体-移动/复制 1"实体的左侧端面,相切类型为"无",注意选择面同步点的位置;取消"自动选择"选项,在图形区域中选择"实体-移动/复制 1"为受影响实体,单击 ☑（确定）按钮生成边界 1,如图 19-44 所示。

（8）单击特征工具栏中的 ▦（圆角）工具,选择类型为 ▦ "恒定大小圆角",给定半径为 8 mm,选择"边界 1"特征两侧棱边,单击 ☑（确定）按钮生成圆角 1,如图 19-45 所示。

（9）单击特征工具栏中的 ▦（圆角）工具,选择类型为 ▦ "恒定大小圆角",给定半径为 40 mm,参照图 19-46 选择实体上、下边线,单击 ☑（确定）按钮生成圆角 2。

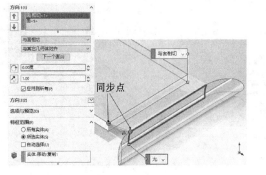

图 19-44　边界 1　　　　　　　　　　　　　　图 19-45　圆角 1

（10）单击特征工具栏中的 （圆角）工具，选择类型为 "变量大小圆角"，参照图 19-47 选择实体的左右对称 4 条边线，并在图形区域中的"变半径"输入框中输入 0.85 mm 和 0.2 mm 的半径值，单击 ✔（确定）按钮生成变化圆角 1。

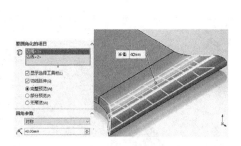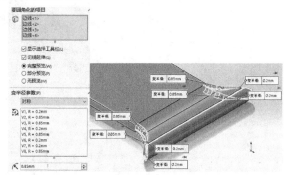

图 19-46　圆角 2　　　　　　　　　　　　　　图 19-47　变化圆角 1

（11）单击特征工具栏中的（圆角）工具，选择类型为 "完整圆角"，激活"面组 1"选项框，在图形区域中选择"凸台-拉伸 1"实体的前端面；激活"中央面组"，选择"凸台-拉伸 1"实体的左端面；激活"面组 2"，选择"凸台-拉伸 1"实体的后端面，单击 ✔（确定）按钮生成圆角 3，如图 19-48 所示。

（12）单击特征工具栏中的（圆角）工具，选择类型为 "完整圆角"，激活"面组 1"选项框，在图形区域中选择"圆角 3"实体的上端面；激活"中央面组"，选择"圆角 3"实体的前端面；激活"面组 2"，选择"圆角 3"实体的底面，单击 ✔（确定）按钮生成圆角 4，如图 19-49 所示。

（13）选择"圆角 4"实体的底面，单击（草图绘制）工具绘制草图 3，单击（中心线）工具过草图原点绘制水平线；接着，单击（直槽口）重合中心线绘制形体；按住〈Ctrl〉键选择槽口左侧圆弧和"圆角 4"实体圆弧边线，添加 "同心"几何关系；最后，单击（智能尺寸）工具完全定义草图，如图 19-50 所示。

（14）单击特征工具栏中的（拉伸切除）工具，选择终止条件为"给定深度"，给定深

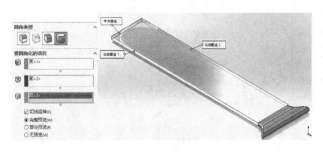
图 19-48 圆角 3

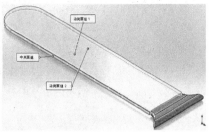
图 19-49 圆角 4

度为 0.3 mm,单击 ☑ (确定)按钮生成切除-拉伸 1,如图 19-51 所示。

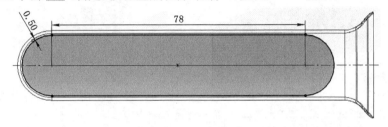
图 19-50 草图 3

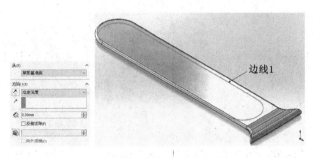
图 19-51 切除-拉伸 1

(15) 单击特征工具栏中的 🔲(圆角)工具,选择类型为 🔲 "恒定大小圆角",在图形区域中选择"切除-拉伸 1"特征的"边线 1";选择圆角方式为"非对称",给定 📐 距离 1 为 0.3 mm, 📐 距离 2 为 8 mm ,单击 ☑ (确定)按钮生成圆角 5,如图 19-52 所示。

(16) 选择"圆角 5"实体的上表面,单击 🔲(草图绘制)工具绘制草图 4,按〈Ctrl+8〉组合键正视于视图,应用 ⤢ (中心线)、⊙ (圆)和 ⤢ (智能尺寸)工具绘制如图 19-53 所示的形体。

(17) 单击特征工具栏中的 🔲(拉伸切除)工具,选择终止条件为"完全贯穿",单击 ☑ (确定)按钮生成切除-拉伸 2,如图 19-54 所示。

(18) 单击特征工具栏中的 🔡(线性阵列)工具,在图形区域中选择实体的"边线〈1〉"为阵列方向,选择"间距与实例数"类型,给定间距为 6.5 mm,实例数为 7;接着,选择"切除-拉伸 2"为要阵列的特征,单击 ☑ (确定)按钮生成阵列(线性)1,如图 19-55 所示。

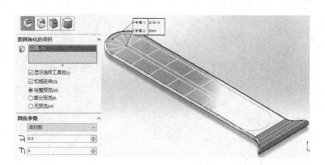

图 19-52　圆角 5

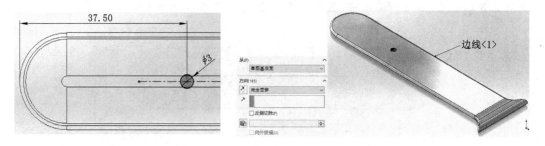

图 19-53　草图 4　　　　　　　　　　　图 19-54　切除-拉伸 2

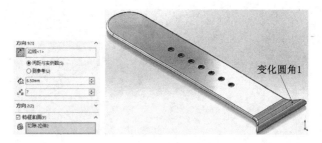

图 19-55　阵列(线性)1

(19) 在特征管理设计树中选择"变化圆角 1"实体,并 🔌 隐藏。选择"阵列(线性)1"实体的右端面,单击 🔲 (草图绘制)工具绘制草图 5,单击 🖉 (中心线)连接两圆弧边线的象限点;接着,单击 ■ (点)工具以中心线的中点确定点,单击图形区域右上角的 ↪ "确定"图标退出草图绘制,如图 19-56 所示。

(20) 单击参考几何体栏中的 🕂 (坐标系)工具,选择"草图 5"的点为原点;接着,激活"X 轴方向参考"选项框,在图形区域选择"草图 5"的中心线,单击 ✅ (确定)按钮生成坐标系 1,如图 19-57 所示。

(21) 单击特征工具栏中的 🎎 (弯曲)工具,选择"阵列(线性)1"实体为弯曲的实体,选择"折弯"类型;接着,激活 🕂 "三重轴"选项框,在图形区域中选择"坐标系 1",输入折弯 📐 角度为 150°,单击 ✅ (确定)按钮生成弯曲 1;隐藏"坐标系 1",显示"变化圆角 1"实体,如图 19-58 所示。

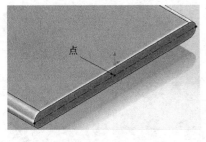

图 19-56　草图 5

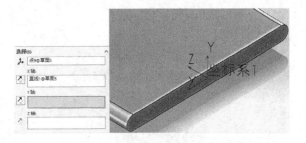

图 19-57　坐标系 1

（22）在特征管理设计树中右击"变化圆角 1"选项，在弹出菜单中选择"插入到新零件"命令，单击文件名称输入框右侧的 "另存为"按钮，取名为"表带 2. sldprt"，单击"确定"按钮结束操作，如图 19-59 所示。

（23）单击图形区域右侧任务窗口标签栏的 ⬛（外观、布景和贴图）按钮，弹出任务窗口，选择"外观"→"塑料"→"软塑料"，双击"蓝色软接触塑料"选项载入材质。

（24）单击标准工具栏中 💾（保存）工具，并关闭文件。

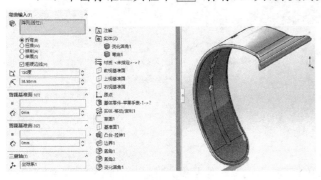

图 19-58　弯曲 1

图 19-59　插入到新零件

19.4　表带 2 的制作

（1）单击标准工具栏中的 📂（打开）工具，选择"表带 2. sldprt"文件。

（2）单击参考几何体工具栏中的 ▥（基准面）工具，在图形区域中选择"顶点 1"为第一参考，在弹出设计树中选择"上视基准面"为第二参考，单击 ✔（确定）按钮生成基准面 1，如图 19-60 所示。

（3）选择"基准面 1"，单击 ⌐（草图绘制）工具绘制草图 1，单击 ↗（中心线）工具过草图原点绘制水平中心线，保持中心线的选择，单击 ⟠（动态镜像实体）工具开启镜像轴；接着，单击 ↗（直线）工具，参照图 19-61 以中心线为起始点绘制折线；单击 ⟠（动态镜像实体）工具关闭镜像轴，再次单击 ↗（中心线）工具连接上下"节点"，按住〈Ctrl〉键，选择左右斜线与竖直中心线，添加 ⬛ "对称"几何关系；最后，单击 ↗（智能尺寸）工具完全定义草图。

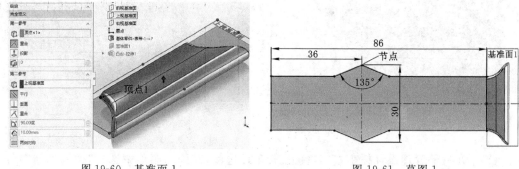

图 19-60　基准面 1　　　　　　　　图 19-61　草图 1

（4）单击特征工具栏中的 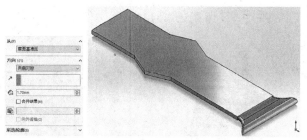（拉伸凸台/基体）工具，选择终止条件为"两侧对称"，给定厚度为 1.7 mm，取消"合并结果"选项，单击 ☑（确定）按钮生成凸台-拉伸 1，如图 19-62 所示。

图 19-62　凸台-拉伸 1

（5）单击特征工具栏中的 （圆角）工具，选择类型为 "恒定大小圆角"，给定半径为 10 mm，参照图 19-63 选择实体六条竖直棱边，单击 ☑（确定）按钮生成圆角 1。

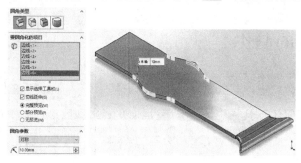

图 19-63　圆角 1

（6）单击特征工具栏中的 （圆角）工具，选择类型为 "完整圆角"，参照表带制作步骤（11）～步骤（12）完成如图 19-64 所示的圆角 2 和圆角 3。

（7）选择实体上表面，单击 （草图绘制）工具绘制草图 2，应用 （直槽口）和 （智能尺寸）工具绘制如图 19-65 左所示的形体；选择槽口中心点与草图原点，添加 "水平"几何关系;选择槽口中心线与弧边线中点,添加 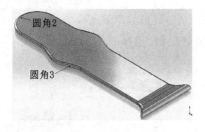 "重合"几何关系。单击特征工具栏中的 (拉伸切除)工具,选择终止条件为"完全贯穿",单击 ✓(确定)按钮生成切除-拉伸 1,如图 19-65 右所示。

图 19-64　圆角 2 与圆角 3　　　　　　图 19-65　草图 2 和切除-拉伸 1

(8) 单击特征工具栏中的 (圆角)工具,选择类型为 "完整圆角",对"切除-拉伸 1"进行完整圆角操作,生成圆角 4 如图 19-66 所示。

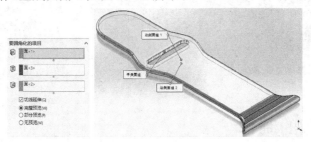

图 19-66　圆角 4

(9) 选择实体上表面,单击 (草图绘制)工具绘制草图 3,单击 (圆)工具绘制直径为 10 mm 的圆;选择圆和实体弧边线,添加 "同心"几何关系;单击特征工具栏中的 (拉伸切除)工具,选择终止条件为"完全贯穿",单击 ✓(确定)按钮生成切除-拉伸 2,如图 19-67 所示。

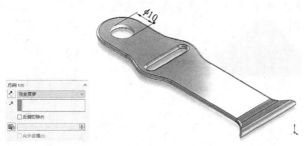

图 19-67　草图 3 与切除-拉伸 2

(10) 在特征管理设计树中选择"基体零件-表带-1"实体,并 隐藏。接下来,参照表带制作步骤(19)～步骤(20)生成草图 4 和坐标系 1,如图 19-68 所示。

(11) 单击特征工具栏中的 (弯曲)工具,选择"阵列(线性)1"实体为弯曲的实体,选择"折弯"类型；接着，激活 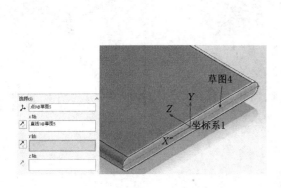 "三重轴"选项框，在图形区域中选择"坐标系 1"，输入折弯角度为 110°，给定基准面 2 剪裁距离为 16 mm，单击 ✓（确定）按钮生成弯曲 1；隐藏"坐标系 1"，显示"基体零件-表带-1"实体，如图 19-69 所示。

（12）单击图形区域右侧任务窗口标签栏的 （外观、布景和贴图）按钮，弹出任务窗口，选择"外观"→"塑料"→"软塑料"，双击"蓝色软接触塑料"选项载入材质。

（13）单击标准工具栏中 （保存）工具，并关闭文件。

图 19-68　草图 4 和坐标系 1

图 19-69　弯曲 1

19.5　金属扣的制作

（1）单击标准工具栏中的 （新建）工具，在弹出的"新建 SolidWorks 文件"浮动框中选择 "零件"选项，单击"确定"按钮。

（2）在特征管理设计树中选择"上视基准面"，单击 （草图绘制）工具绘制草图 1，单击 （圆）工具以草图原点为圆心绘制直径为 10 mm 的圆。单击特征工具栏中的 （拉伸凸台/基体）工具，选择终止条件为"给定深度"，给定深度为 1.7 mm，单击 ✓（确定）按钮生成凸台-拉伸 1，如图 19-70 所显示。

（3）单击特征工具栏中的 （倒角）工具，选择倒角类型为 "角度距离"，选择实体的上下圆边线，给定距离为 0.1 mm，角度为 45°，单击 ✓（确定）按钮生成倒角 1，如图19-71所示。

（4）选择实体顶面，单击 （草图绘制）绘制草图 2，单击 （圆）工具以草图原点为圆心绘制直径为 2.9 mm 的圆；单击特征工具栏中的 （拉伸凸台/基体）工具，选择终止条件为"给定深度"，给定深度为 1.8 mm，单击 ✓（确定）按钮生成凸台-拉伸 2，如图 19-72 所示。

（5）选择"凸台-拉伸 2"顶面，单击 （草图绘制）绘制草图 3，单击 （圆）工具以草图原点为圆心绘制直径为 3.6 mm 的圆；单击特征工具栏中的 （拉伸凸台/基体）工具，

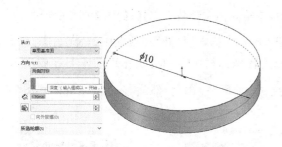

图 19-70　草图 1 与凸台-拉伸 1

图 19-71　倒角 1

选择终止条件为"给定深度",给定深度为 0.3 mm,单击 ✓ (确定)按钮生成凸台-拉伸 3,如图 19-73 所示。

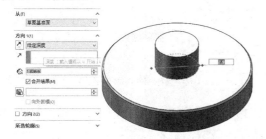

图 19-72　草图 2 与凸台-拉伸 2

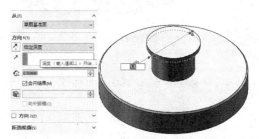

图 19-73　草图 3 与凸台-拉伸 3

(6) 单击特征工具栏中的 （圆顶）工具,选择"凸台-拉伸 3"顶面,给定距离为 0.3 mm,单击 ✓ (确定)按钮生成圆顶 1,如图 19-74 所示。

(7) 单击图形区域右侧任务窗口标签栏的 （外观、布景和贴图）按钮,弹出任务窗口,选择"外观"→"金属"→"铬",双击"镀铬"选项载入材质,如图 19-75 所示。

(8) 单击标准工具栏中的 （保存）工具,取名为"金属扣.sldprt"。

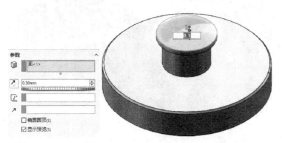

图 19-74　圆顶 1

图 19-75　添加材质

19.6　苹果手表装配

(1) 单击标准工具栏中的 （新建）工具,在弹出的"新建 SolidWorks 文件"浮动框中选择 "装配体"选项,单击"确定"按钮。系统弹出"打开"选项框,选择"表盘.sldprt"文件,单击

"打开"按钮;接着,移动鼠标指针到图形区域中,单击鼠标左键载入零件,如图 19-76 所示。

(2) 单击装配体工具栏中的 (插入零部件)工具,在"打开"选项框中选择"表带.sld-prt"文件,移动鼠标指针到图形区域左下角的旋转坐标栏中(注意:操作之前不要在图形区域中单击鼠标左键),修改角度为 30°,单击 (Z 轴旋转)图标;然后移动鼠标指针到图形区域中,单击鼠标左键插入零部件,如图 19-77 所示。

图 19-76　载入"表盘.sldprt"文件　　　　　　图 19-77　插入表带零部件

(3) 按〈Ctrl+7〉键显示等轴侧视图,参照图 19-78,按住〈Ctrl〉键,在图形区域选择表带的"面 1"和表盘的"面 2",在弹出的关联工具栏中单击 (同轴心)按钮。

(4) 在特征管理设计树中分别双击" (固定)表盘<1> "和" (-)表带<1> "选项依次展开下属子选项。接着,按住〈Ctrl〉键,分别选择" (固定)表盘<1> "下的"前视基准面"和" (-)表带<1> "下的"前视基准面",单击装配体工具栏中 (配合)工具,选择 (重合)配合关系,单击 (确定)按钮完成装配,如图 19-79 所示。

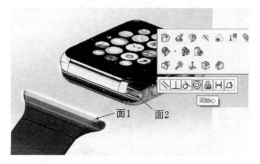
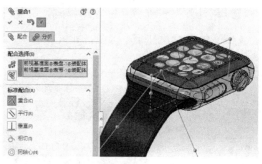

图 19-78　同轴心装配　　　　　　　　　　图 19-79　重合装配

(5) 单击装配体工具栏中的 (插入零部件)工具,在"打开"选项框中选择"表带2.sldprt"文件,移动鼠标指针到图形区域左下角的旋转坐标栏中,修改角度为 180°,单击 (Y 轴旋转)图标;继续修改角度为 330°,单击 (Z 轴旋转)图标;然后移动鼠标指针到图形区域中,单击鼠标左键插入零部件,如图 19-80 所示。

(6) 参照步骤(3)～步骤(4)操作装配"表带 2"零部件,添加"同心 2"和"重合 2"装配,如图 19-81 所示。

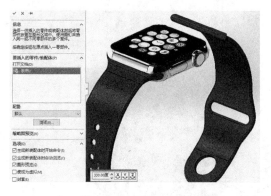

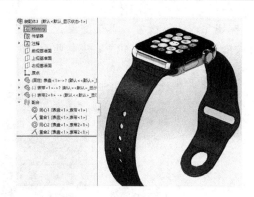

图 19-80　插入表带 2

图 19-81　装配表带 2

（7）单击装配体工具栏中的 （插入零部件）工具，在"打开"选项框中选择"金属扣.sldprt"文件，移动鼠标指针到图形区域中，单击鼠标左键插入零部件。

（8）按住〈Ctrl〉键，在图形区域中选择"表带 2"零部件的"面 3"和"金属扣"零部件的"面 4"，单击装配体工具栏中 （配合）工具，选择 （同轴心）配合关系，单击 "反向对齐"按钮，单击 （确定）按钮完成同轴心配合，如图 19-82 所示；继续在图形区域中选择"面 5"和"面 6"，选择 （重合）配合关系，单击 （确定）按钮完成重合配合，如图 19-83 所示；最后，单击 （确定）按钮结束配合操作。

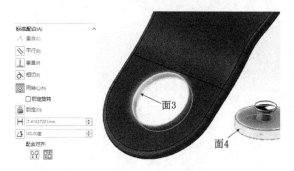

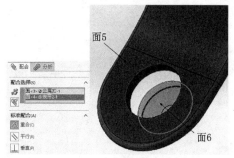

图 19-82　同轴心配合

图 19-83　重合配合

（9）在管理器栏中单击 渲染管理 → （查看布景、光源和相机）标签。右击 相机 选项，在下拉菜单中选择"添加相机"命令。在相机属性栏中选择"135 mm 远距摄像"；接着，直接在图形区域使用快捷键调整照相机。提示：〈鼠标中键〉为实体旋转；〈Ctrl＋鼠标中键〉为移动视图；〈Shift＋鼠标中键〉为放大视图；〈Alt＋鼠标中键〉为视图面旋转。单击 （确定）按钮添加"相机 1"，按下键盘〈空格〉键，切换相机视图。

（10）单击图形区域右侧任务窗口标签栏的 （外观、布景和贴图）按钮，弹出任务窗口，依次选择"布景"→"基本布景"，双击"柔光罩"选项载入布景。单击渲染工具栏中的 （选项）工具，选择"输出图像大小"为"1024＊768"；"最终渲染品质"为"最佳"，单击 （确定)按钮完成渲染设置。单击渲染工具栏中的 （最终渲染)工具启动 PhotoView 360 窗口渲染,最终渲染效果如图 19-84 所示。

图 19-84　渲染效果

20　潘顿椅制作

　　潘顿椅是丹麦著名设计大师维纳尔·潘顿(Verner Panton)设计,并以他名字命名的一把经典椅子。它是世界上第一把用塑料一次模压成型的 S 形单休悬臂椅,具有强烈的雕塑感,色彩艳丽,至今仍享有盛誉,业界有人昵称为"美人椅"。潘顿椅第一件作品于 20 世纪60 年代初问世,如今为瑞士维特拉(Vitra)家具公司的设计博物馆收藏。

　　潘顿椅的制作主要应用曲面和圆角等工具完成,具体步骤如下:

　　(1) 单击标准工具栏中的 ▤ (新建)工具,在弹出的"新建 SolidWorks 文件"浮动框中选择 ▣ "零件"选项,单击"确定"按钮。

　　(2) 在特征管理设计树中选择"前视基准面",单击 ▭ (草图绘制)工具绘制草图 1,单击 ▱ (边角矩形)以草图原点为起点绘制高为 830 mm、宽为 610 mm 的矩形;为了让制作的产品比例和尺寸更加符合真实产品,将在基于整体尺寸 830 mm×610 mm×500 mm 的基础上插入产品侧视照片作为参考引导曲线的绘制;单击 ▨ (草图图片)工具,在打开选项框中选择产品照片,单击"打开"按钮插入图片。接下来,调整放缩图片使其与矩形基本套合,如图 20-1 所示。注意图片中虚线标注的曲线①、②为产品造型制作的两条关键曲线。在"图片草图"属性栏中选择透明度选项为"全图像",给定透明度为 0.5,单击"确定"图标退出草图绘制。

　　(3) 选择"前视基准面",单击 ▭ (草图绘制)工具绘制草图 2,此步骤将参照图片的曲线①进行绘制,主要遵循的绘制原则是拆分曲线,转化复杂样条曲线为简单几何曲线(圆锥曲线、圆弧线)或直线。首先,单击 ⟋ (中心线)工具依次绘制①～⑤的中心线;其中,中心线 1 低于地平线 30 mm,目的是为后面剪裁、圆角等操作留一定的余边;中心线②为椅子座面的水平高度;中心线③为椅子座面倾斜角度;中心线④、⑤分别为椅腿和椅背曲线的切线;接着,单击 ⌒ (3 点圆弧)绘制弧线段⒈、⒊(分别与中心线⑤、④有"相切"几何关系),单击 ⟋ (直线)工具绘制线段 2;最后,单击 ⟍ (智能尺寸)工具完全定义⒈～⒊的尺寸,如图 20-2 所示。单击 ↵"确定"图标退出草图绘制。

　　(4) 单击参考几何体栏中的 ▤ (基准面)工具,在弹出设计树中选择"前视基准面"为第一参考,给定偏移距离为 242 mm,单击 ✔ (确定)按钮生成基准面 1。

　　(5) 选择"基准面 1",单击 ▭ (草图绘制)工具绘制草图 3,参照图片的曲线 2 绘制弧线AB 和直线 C,方法与步骤(3)一致,其中中心线①与"草图 2 的中心线①"共线,如图 20-3 所示,单击 ↵"确定"图标退出草图绘制。

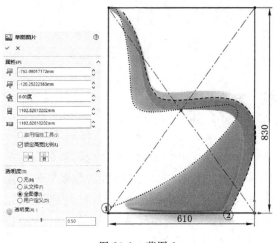

图 20-1　草图 1

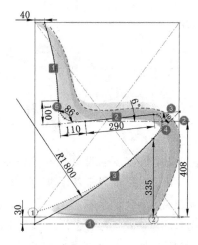

图 20-2　草图 2

（6）单击曲面工具栏中的 ⬇（放样曲面）工具，开启 SelectionManager 选择工具栏，单击 ⬛（选择组）工具，激活"轮廓"选项框，选择"草图 2"的线段 □ 为"打开组〈1〉"；选择"草图 3"的线段 Ⓐ 为"打开组〈2〉"；注意每完成"组"选择后请单击选择工具栏 ✓（确定）按钮。在"起始/结束约束"属性栏中选择开始约束为"方向向量"，接着在弹出设计树中选择"前视基准面"为方向，给定相切长度为 1；单击 ✓（确定）按钮生成曲面-放样 1，如图 20-4 所示。

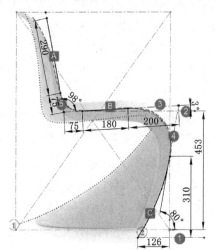

图 20-3　基准面 1 与草图 3

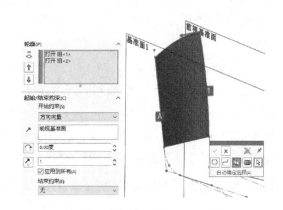

图 20-4　曲面-放样 1

（7）显示"草图 2"与"草图 3"。单击曲面工具栏中的 ⬇（放样曲面）工具，开启 SelectionManager 工具栏 ⬛（选择组）工具，激活"轮廓"选项框，选择"草图 2"的线段 ② 为"打开组〈1〉"；选择"草图 3"的线段 Ⓑ 为"打开组〈2〉"；在"起始/结束约束"属性栏中选择开始约束为"方向向量"；接着，在弹出设计树中选择"前视基准面"为方向，给定相切长度为 1；单击 ✓（确定）按钮生成曲面-放样 2，如图 20-5 所示。

（8）单击参考几何体栏中的 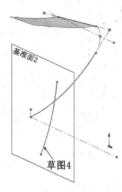（基准面）工具，在弹出设计树中选择"前视基准面"为第一参考，给定偏移距离为 235 mm，单击 ✔（确定）按钮生成基准面 2。选择"基准面 1"，单击 ⊏（草图绘制）工具绘制草图 4，选择"草图 3"的线段Ⓒ，单击 ⬡（转换实体引用）工具，如图 20-6 所示，单击 ↵"确定"图标退出草图绘制。

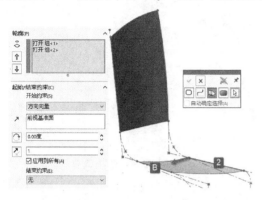

图 20-5　曲面-放样 2

图 20-6　基准面 2 与草图 4

（9）单击曲面工具栏中的 ⬇（放样曲面）工具，开启 SelectionManager 工具栏 ⬆（选择组）工具，激活"轮廓"选项框，选择"草图 2"的线段③为"打开组〈1〉"；选择"草图 4"为"打开组〈2〉"；选择开始约束为"方向向量"，在弹出设计树中选择"前视基准面"，给定 ↗"相切长度"为 1.2；继续设置放样曲面属性栏，选择结束约束为"方向向量"，方向为"右视基准面"，给定 ↻"拔模角度"为 5°，给定 ↗"相切长度"为 0.7。单击 ✔（确定）按钮生成曲面-放样 3，如图 20-7 所示。

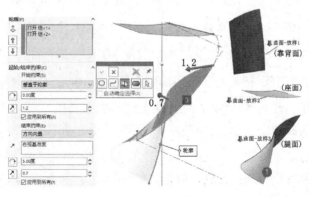

图 20-7　曲面-放样 3

（10）单击曲面工具栏中的 ▱（直纹曲面）工具，选择类型为"垂直于向量"，给定距离为 7 mm，在弹出设计树中选择"右视基准面"为方向；激活"边线选择"选项框，在图形区域中选择如图 20-7 所示的"边线①"，单击 ✔（确定）按钮生成直纹曲面 1，如图 20-8 所示。

（11）单击曲面工具栏中的 ▨（缝合曲面）工具，选择"曲面-放样 3"和"直纹曲面 1"为要缝合的面,单击 ✓ (确定)按钮生成曲面-缝合 1,如图 20-9 所示。

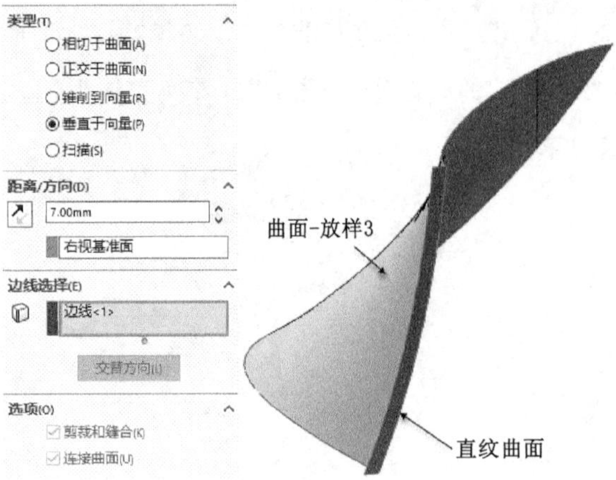

图 20-8　直纹曲面 1

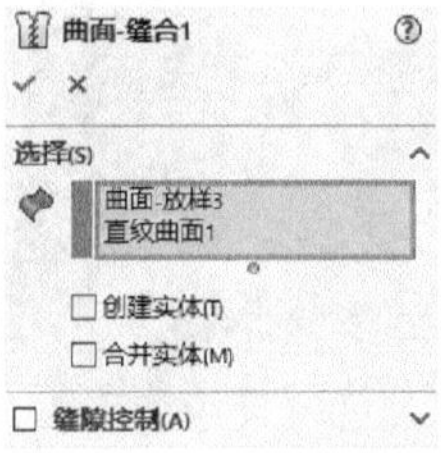

图 20-9　曲面-缝合 1

(12) 单击曲线工具栏中的 ⬡ (分割线)工具,选择分割类型为"交叉点",在弹出设计树中选择"基准面 3"为分割实体,选择"座面"为要分割的面,单击 ✓ (确定)按钮生成分割线 1,如图 20-10 所示。

(13) 单击曲面工具栏中的 ⬇ (放样曲面)工具,开启 SelectionManager 工具栏 ⬛ (选择组)工具,按〈Ctrl+1〉组合键切换视图为"前视"。激活"轮廓"选项框,选择"靠背面"的底边线为"打开组〈1〉";选择"座面"的上边线(两段)为"打开组〈2〉";选择开始约束为"与面相切",取消"应用到所有"选项,然后在图形区域中选择①号箭头(显示为洋红色),并在属性栏中给定 ↗ "相切长度"为 1.8;选择②号箭头,给定 ↗ "相切长度"为 1.4;选择③号箭头,给定 ↗ "相切长度"为 1.4。选择结束约束为"与面相切",取消"应用到所有"选项,然后在图形区域中选择 ⟦1⟧ 号箭头,给定 ↗ "相切长度"为 1.8;选择 ⟦2⟧ 号箭头,给定 ↗ "相切长度"为 1.4;选择 ⟦3⟧ 号箭头,给定 ↗ "相切长度"为 1.4。单击 ✓ (确定)按钮生成曲面-放样 4,如图 20-11 所示。注意 ↗ "相切长度"参数的设置主要以"草图 1"的图片轮廓为参照进行调整,尽量使"曲面-放样 4"的边线与图片轮廓线吻合。

(14) 单击曲面工具栏中的 ⬇ (放样曲面)工具,激活"轮廓"选项框,选择"座面"的下边线(两段)为"打开组〈1〉";选择"腿面"的上边线(两段)为"打开组〈2〉";然后参照图 20-12 以步骤(13)的方法设置 ↗ "相切长度"参数。单击 ✓ (确定)按钮生成曲面-放样 5,如图 20-12 所示。注意确保"相切长度"②、③或 ⟦2⟧、⟦3⟧ 的值相同。

(15) 选择"右视基准面",单击 ⬜ (草图绘制)工具绘制草图 5,单击 ⌒ (3 点圆弧)工具以曲面顶点和边线为起始点绘制圆弧,按〈Ctrl〉键选择"圆弧"与"边线①",添加 ⊘ "相切"几何关系;最后单击 ⬩ (智能尺寸)完全定义草图,如图 20-13 所示。

(16) 单击曲面工具栏中的 ⬨ (剪裁曲面)工具,选择剪裁类型为"标准",在弹出设计

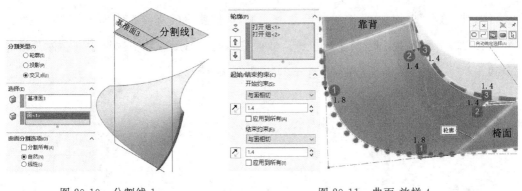

图 20-10　分割线 1　　　　　　　　　图 20-11　曲面-放样 4

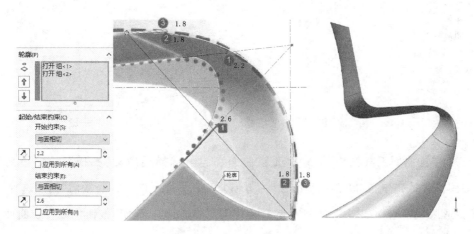

图 20-12　曲面-放样 5

树中选择"草图 5"为剪裁工具；选择"移除选择"选项，接着在图形区域选择①部分，单击 ✅（确定）按钮生成剪裁-曲面 1，如图 20-14 所示。

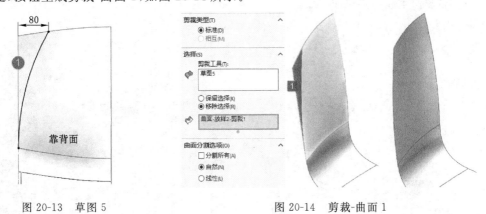

图 20-13　草图 5　　　　　　　　　　图 20-14　剪裁-曲面 1

（17）单击曲面工具栏中的 （直纹曲面）工具，选择类型为"垂直于向量"，给定距离为 70 mm，在弹出设计树中选择"前视基准面"为方向；激活"边线选择"选项框，在图形区域中选择如图 20-15 所示的"边线①～④"（注意：如出现"A"情况，请在"边线选择"框中激活

"边线〈2〉",单击"交替方向"按钮),单击 ✓（确定）按钮生成直纹曲面 2,如图 20-15 所示。

（18）单击曲面工具栏中的 🔲 （缝合曲面）工具,在图形区域中选择①～⑤为要缝合的面,单击 ✓ （确定）按钮生成曲面-缝合 2,如图 20-16 所示。

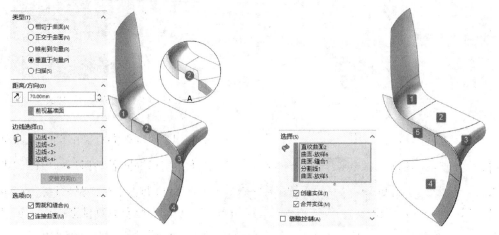

图 20-15 直纹曲面 2　　　　　图 20-16 曲面-缝合 2

（19）单击曲面工具栏中的 🔲 （直纹曲面）工具,选择类型为"扫描",给定距离为 70 mm,在弹出设计树中选择"右视基准面"为方向,单击 🔄 "反向"按钮;激活"边线选择"选项框,在图形区域中选择如图 20-17 所示的"边线①",单击 ✓ （确定）按钮生成直纹曲面 3,如图 20-17 所示。

（20）单击曲面工具栏中的 🔲 （边界曲面）工具,在图形区域中选择边线①和②为"方向 1"曲线;激活"方向 2"选项框,在图形区域中选择"边线①",如图 20-18 所示,单击 ✓ （确定）按钮生成边界-曲面 1。

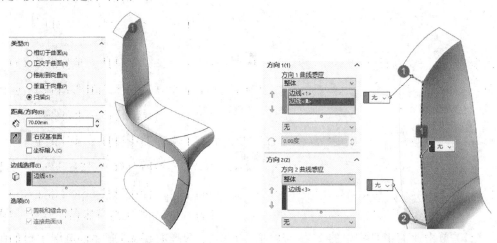

图 20-17 直纹曲面 3　　　　　图 20-18 边界-曲面 1

（21）单击曲面工具栏中的 🔲 （缝合曲面）工具,在图形区域中选择①～③为要缝合的面,选择"创建实体"与"合并实体"选项,单击 ✓ (确定)按钮生成曲面-缝合 3,如图 20-19 所示。

(22) 单击特征工具栏中的 🔲 (圆角)工具,选择圆角类型为 🔲 "恒定大小圆角",给定半径为 225 mm,选择轮廓为"曲率连续";然后在图形区域中选择如图 20-19 所示的"边线1",单击 ✓ (确定)按钮生成圆角 1,如图 20-20 所示。

(23) 单击特征工具栏中的 🔲 (圆角)工具,选择圆角类型为 🔲 "恒定大小圆角",选择"切线延伸"选项,给定半径为 6 mm,选择轮廓为"圆形";然后在图形区域中选择如图 20-20所示的"边线 2",单击 ✓ (确定)按钮生成圆角 2,如图 20-21 所示。

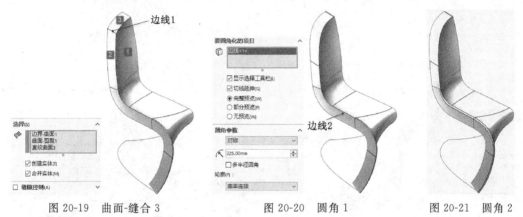

图 20-19　曲面-缝合 3　　　　图 20-20　圆角 1　　　　图 20-21　圆角 2

(24) 单击特征工具栏中的 🔲 (圆角)工具,选择圆角类型为 🔲 "变量大小圆角",在图形区域中选择"靠背"的 3 条边线;接着在图形区域中的"变半径"输入框①～④中分别给定半径为 30 mm、30 mm、6 mm、6 mm,单击 ✓ (确定)按钮生成变化圆角 1,如图 20-22 所示。

(25) 保持"草图 1"显示;选择"前视基准面",单击 🔲 (草图绘制)工具绘制草图 5,单击前导视图工具栏中的 🔲 (样式显示)→ 🔲 (线架图)工具;接着单击 🔲 (样条曲线)工具沿图片的侧缘轮廓进行绘制,其中①～⑫为样条曲线的控制点,如图 20-23 所示。

(26) 单击曲面工具栏中的 📄 (剪裁曲面)工具,选择"草图 6"为剪裁工具,选择"移除选择"选项,接着在图形区域中选择部分① 和② ,如图 20-24 所示,单击 ✓ (确定)按钮生成曲面-剪裁 2。

(27) 单击特征工具栏中的 🔲 (镜像)工具,在弹出设计树中选择"前视基准面"为镜像面;激活要镜像的实体选项框,在图形区域中选择所有曲面("曲面-剪裁 1"与"曲面-剪裁2"),选择"缝合曲面"选项,单击 ✓ (确定)按钮生成镜像 1,如图 20-25 所示。

(28) 单击曲面工具栏中的 🔲 (缝合曲面)工具,在图形区域中选择如图 20-25 所示的曲面①和曲面②为要缝合的面,选择"创建实体"与"合并实体"选项,单击 ✓ (确定)按钮生成曲面-缝合 4,如图 20-26 所示。

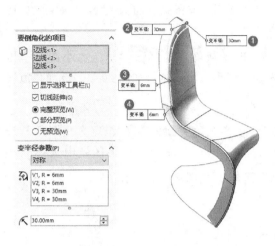

图 20-22　变化圆角 1

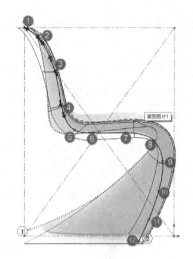

图 20-23　草图 6

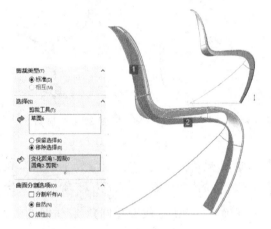

图 20-24　曲面-剪裁 2

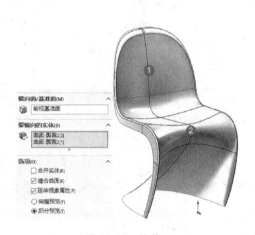

图 20-25　镜像 1

（29）单击特征工具栏中的 ![加厚图标]（加厚）工具，选择"曲面-缝合 4"为要加厚的曲面，选择 ![加厚侧边图标]"加厚侧边 1"选项（即"座面"朝上加厚），给定厚度为 8 mm，单击 ![确定图标]（确定）按钮生成加厚 1，如图 20-27 所示。

（30）单击特征工具栏中的 ![使用曲面切除图标]（使用曲面切除）工具，在弹出设计树中选择"上视基准面"，注意切除箭头朝下，单击 ![确定图标]（确定）按钮生成使用曲面切除 1，如图 20-28 所示。

（31）单击特征工具栏中的 ![圆角图标]（圆角）工具，选择圆角类型为 ![恒定大小圆角图标]"恒定大小圆角"，给定半径为 6 mm，选择轮廓为"圆形"；然后在图形区域中选择如图 20-28 所示的"边线①~④"，单击 ![确定图标]（确定）按钮生成圆角 3；再次单击特征工具栏中的 ![圆角图标]（圆角）工具，选择圆角类型为 ![恒定大小圆角图标]"恒定大小圆角"，给定半径为 3 mm，选择轮廓为"圆形"；然后在图形区域中选择如图 20-28 所示的"边线①"，单击 ![确定图标]（确定）按钮生成圆角 4，如图 20-29 所示。

（32）单击图形区域右侧任务窗口标签栏的 ![外观布景贴图图标]（外观、布景和贴图）按钮，弹出任务窗

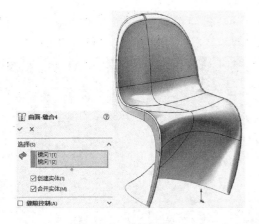

图 20-26　曲面-缝合 4

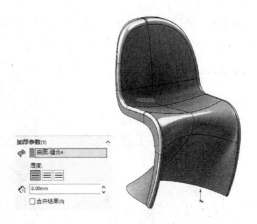

图 20-27　加厚 1

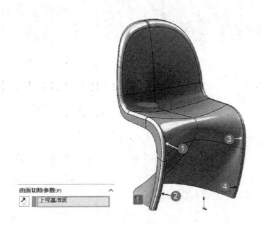

图 20-28　使用曲面切除 1

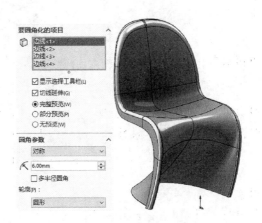

图 20-29　圆角 3 与圆角 4

口,选择"外观"→"塑料"→"高光泽",双击"白色高光泽塑料"选项载入材质。

(33) 在管理器栏中单击 ⬤(DisplayManager)→ ▦(查看布景、光源和相机)标签。右击"PhotoView 360 光源"→"线光源 1"选项,在弹出菜单中选择"在 PhotoView 360 中打开"命令,双击"线光源 1"选项显示属性栏,在 PhotoView 360 标签栏下选择"阴影"选项,修改阴影柔和度为 4°,如图 20-30 所示。

(34) 在管理器栏中单击 ⬤ 渲染管理→ ▦(查看布景、光源和相机)标签。右击 🎥相机 选项,在下拉菜单中选择"添加相机"命令。在相机属性栏中选择"85 mm 远距摄像";接着,直接在图形区域使用快捷键调整照相机。提示:〈鼠标中键〉为实体旋转;〈Ctrl＋鼠标中键〉为移动视图;〈Shift＋鼠标中键〉为放大视图;〈Alt＋鼠标中键〉为视图面旋转。单击 ☑(确定)按钮添加"相机 1"。按下键盘〈空格〉键,切换相机视图。

(35) 在前导视图工具栏中单击 🖥 "视图设定"管理图标,在弹出选项框中开启"RealView 图形"和"上色模式中的阴影";单击 🌐 "应用布景"管理图标,在弹出选项框中选择"背景-带顶光源的灰色"。单击渲染工具栏中的 🎛(选项)工具,选择"输出图像大小"为"1024 * 768";"最终渲染品质"为"最佳",单击 ☑(确定)按钮完成渲染设置。单击渲染工

具栏中的  （最终渲染）工具启动 PhotoView 360 窗口渲染，最终渲染效果如图 20-31 所示。

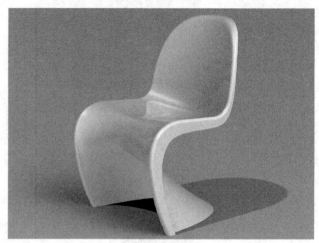

图 20-30　添加阴影　　　　　　　　　　图 20-31　产品渲染效果

21 甲壳虫汽车制作

大众甲壳虫汽车是现代人众所周知的一款小型汽车,其外观圆润可爱,线条流畅,特别是第三代甲壳虫的设计更是将现代运动美学与古典艺术完美结合,充分阐释了"智慧简约"(la Semplicità)的设计精髓。

不得不说,大众甲壳虫汽车设计的成功源于"独特"。1938 年,大众汽车集团创始人费迪南德·波尔舍先生为甲壳虫画出的第一道独特的曲线时,就已经为甲壳虫汽车风靡全球奠定了坚实的基础。正是这条辨识度极高的曲线让甲壳虫汽车有了自己"独特"的灵魂,继而传承至今。正如包豪斯的创始人瓦尔特·格罗皮乌斯所说:"设计师的工作是向机械产品中注入灵魂。"

大众甲壳虫汽车实际的制作过程因细节繁琐较为复杂,为了让操作更加顺畅,下面的制作步骤将在保持第三代甲壳虫汽车原有造型比例关系的同时,精简细节处理,提高操作实效。大众甲壳虫汽车的主要制作包括 7 个部分:车轮、车体、车头与车尾、格栅与前后车窗、侧窗与车门把手、后视镜以及产品渲染。

21.1 车轮制作

制作车轮,首先从"简单的圆"开始。

(1) 单击标准工具栏中的 ▤(新建)工具,在弹出的"新建 SolidWorks 文件"浮动框中选择 ◈"零件"选项,单击"确定"按钮。

(2) 在特征管理设计树中选择"前视基准面",单击 ▭(草图绘制)工具绘制草图 1,单击 ◉(圆)工具以草图原点为中心绘制直径为 44 mm 的圆。单击曲面工具栏中的 ◈(拉伸曲面)工具,选择终止条件为"给定深度",给定深度为 12 mm,单击 ✔(确定)按钮生成曲面-拉伸 1,如图 21-1 所示。

(3) 单击曲面工具栏中的 ◈(直纹曲面)工具,选择"正交与曲面"类型,给定距离为 5 mm,然后在图形区域中选择边线①,单击 ✔(确定)按钮生成直纹曲面 1,如图 21-2 所示。

(4) 单击曲面工具栏中的 ◈(缝合曲面)工具,在图形区域中选择"曲面-拉伸 1"和"直纹曲面 1",单击 ✔(确定)按钮生成曲面-缝合 1;单击曲面工具栏中的 ◈(圆角)工具,选择 ◈"恒定大小圆角"类型,给定半径为 4.8 mm,然后在图形区域中选择"边线 1",单击 ✔(确定)按钮生成圆角 1,如图 21-3 所示。

(5) 选择"前视基准面",单击 ▭(草图绘制)工具绘制草图 2,单击 ✧(中心线)工具

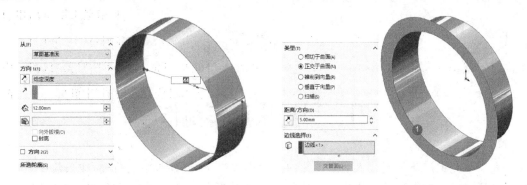

图 21-1　草图 1 与曲面-拉伸 1　　　　　　　图 21-2　直纹曲面 1

过草图原点绘制竖直线段,端点重合曲面边线;单击 (圆周阵列实体)工具,选择草图原点为阵列中心,选择"等间距"选项,给定角度为 360°, 实例数为 28;激活要阵列实体选项框,在图形区域选择中心线,单击 ✓(确定)按钮生成阵列实体;单击 ◎(圆)工具以草图原点为中心绘制直径为 20 mm 的圆,并在圆属性栏中选择"作为构造线"选项;最后,应用 ╱(直线)和 ⬚(圆心/起/终点画弧)工具参照图 21-4 绘制闭合形体。

图 21-3　曲面-缝合 1 与圆角 1　　　　　　　图 21-4　草图 2

（6）单击特征工具栏中的 ⬚(拉伸凸台/基体)工具,选择开始条件为"等距",输入等距值为 12 mm;选择终止条件为"给定深度",单击 ↗ "反向"按钮,给定深度为 6 mm,单击 ✓(确定)按钮生成凸台-拉伸 1,如图 21-5 所示。

（7）单击特征工具栏中的 ⬚(使用曲面切除)工具,在图形区域中选择"圆角 1"曲面,单击 ✓(确定)按钮生成使用曲面切除 1,如图 21-6 所示。

（8）单击特征工具栏中的 ⬚(圆角)工具,选择 ⬚ "恒定大小圆角"类型,选择圆角方式为"非对称",给定距离 1 为 2.5 mm,距离 2 为 1.5 mm;接着,在图形区域选择如图 21-6 所示的边线②,单击 ✓(确定)按钮生成圆角 2;再次单击 ⬚(圆角)工具,选择与"边线 2"对称的边线为操作对象,注意给定距离 1 为 1.5 mm,距离 2 为 2.5 mm,单击 ✓(确定)按钮生成圆角 3,如图 21-7 所示。

图 21-5　凸台-拉伸 1　　　　　　　图 21-6　使用曲面切除 1

（9）在特征管理设计树中选择"前视基准面"，单击 ⬚（草图绘制）工具绘制草图 3，单击 ⬚（中心线）工具过草图原点绘制水平中心线，单击 ⬚（3 点圆弧）工具参照图 21-8 绘制弧线，注意为圆弧与左侧边线添加 ⬚ "相切"几何关系。

（10）选择"草图 3"的中心线，单击曲面工具栏中的 ⬚（旋转曲面）工具，选择旋转类型为"给定深度"，给定角度为 360°，单击 ⬚（确定）按钮生成曲面-旋转 1，如图 21-9 所示。

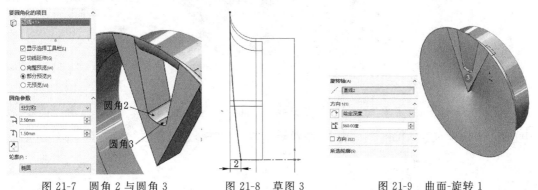

图 21-7　圆角 2 与圆角 3　　　图 21-8　草图 3　　　图 21-9　曲面-旋转 1

（11）在图形区域中选择如图 21-9 所示的实体表面③，单击 ⬚（草图绘制）工具绘制草图 4，保持面的选择，单击 ⬚（转换实体引用）工具；接着，选择内侧 U 形边线，单击 ⬚（等距实体）工具，给定等距距离为 0.7 mm，如图 21-10 所示。

（12）单击特征工具栏中的 ⬚（拉伸切除）工具，激活属性栏底部的"所选轮廓"选项框，然后在图形区域选择 U 形"局部 1"；选择终止条件为"成形到一面"，并在图形区域选择"曲面-旋转 1"，单击 ⬚（确定）按钮生成切除-拉伸 1，隐藏"曲面-旋转 1"，如图 21-11 所示。

（13）单击特征工具栏中的 ⬚（圆角）工具，选择 ⬚ "恒定大小圆角"类型，给定半径为 1.5 mm，选择"切线延伸"选项；接着，在图形区域中选择如图 21-11 所示边线④，单击 ⬚（确定）按钮生成圆角 4，如图 21-12 所示。

（14）在图形区域上方的前导视图工具栏的 ⬚（隐藏/显示项目）中开启 ⬚（临时轴）。单击特征工具栏中的 ⬚（圆周阵列）工具，在图形区域选择临时轴为阵列轴，选择阵

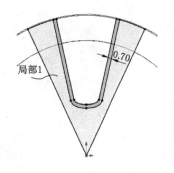

图 21-10　草图 4

图 21-11　切除-拉伸 1

图 21-12　圆角 4

列类型为"等间距",给定角度为 360°,实例数为 7;激活"要阵列的实体"选项框,在图形区域中选择"圆角 4"实体,单击 ✔（确定）按钮生成阵列（圆周）1,如图 21-13 所示。

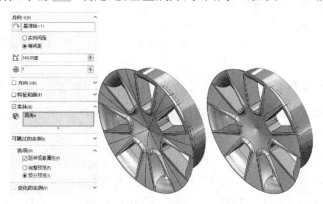

图 21-13　阵列（圆周）1 与组合 1

（15）单击特征工具栏中的 ⬚（组合）工具,选择"添加"类型,在图形区域选择所有 7 个实体,单击 ✔（确定）按钮生成组合 1,如图 21-13 右所示。

（16）单击特征工具栏中的 ⬚（镜像）工具,在弹出设计树中选择"前视基准面"为镜像面;激活"要镜像的实体"选项框,在图形区域中选择"圆角 1"曲面,选择"缝合曲面"选项,单

击 ☑(确定)按钮生成镜像 1,如图 21-14 所示。

(17)单击特征工具栏中的 ▦(加厚)工具,选择"镜像 1"为要加厚的曲面,选择 ▤ "加厚侧边 2",给定厚度为 1 mm,选择"合并结果"选项,单击 ☑(确定)按钮生成加厚 1,如图 21-15 所示。

图 21-14　镜像 1　　　　　　　　　图 21-15　加厚 1

(18)单击特征工具栏中的 ▥(抽壳)工具,给定厚度为 1 mm,按住鼠标中键旋转视图,然后选择实体内部的面⑤,单击 ☑(确定)按钮生成抽壳 1,如图 21-16 所示。

(19)单击特征工具栏中的 ▥(圆角)工具,选择 ▥ "恒定大小圆角"类型,给定半径为 0.5 mm,选择"切线延伸"选项;接着,在图形区域中选择一条实体内侧交线,并在弹出的关联工具栏中单击 ▥(选择到开始内循环 13 边线)工具,单击 ☑(确定)按钮生成圆角 5,如图 21-17 所示。

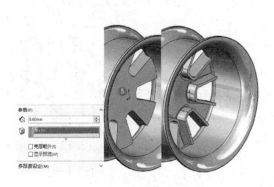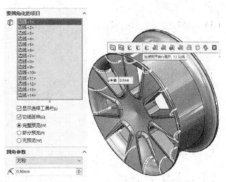

图 21-16　抽壳 1　　　　　　　　　图 21-17　圆角 5

(20)选择"前视基准面",单击 ▭(草图绘制)工具绘制草图 5,单击 ⊙(圆)工具以草图原点为圆心绘制直径为 7 mm 的圆;单击特征工具栏中的 ▥(拉伸切除)工具,选择终止条件为"完全贯穿",单击 ↗"反向"按钮,单击 ☑(确定)按钮生成切除-拉伸 2,如图 21-18所示。

(21)单击曲面工具栏中的 ▦(平面区域)工具,选择"切除-拉伸 2"特征的外边线⑥,单击 ☑(确定)按钮生成曲面-基准面 1;单击特征工具栏中 ▦(加厚)工具,选择"曲面-基准面 1"为要加厚的曲面,选择 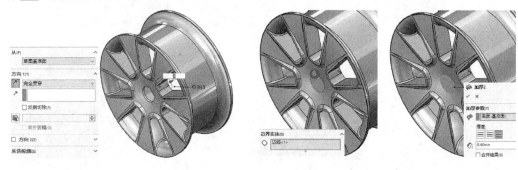 "加厚侧边 2",给定厚度为 1 mm,取消"合并结果"选项,单击 ✓(确定)按钮生成加厚 2,如图 21-19 所示。

图 21-18　草图 5 与切除-拉伸 2　　　　　　　图 21-19　曲面-基准面 1 与加厚 2

(22) 单击特征工具栏中的 ⬭(圆顶)工具,选择"加厚 2"实体表面为"到圆顶的面",给定距离为 0.2 mm,单击 ✓(确定)按钮生成圆顶 1,如图 21-20 所示。

(23) 选择"前视基准面",单击 ⬓(草图绘制)工具绘制草图 6,应用 ⬦(中心线)、⊙(圆)和 ⬦(智能尺寸)工具参照图 21-21 绘制圆。

(24) 单击特征工具栏中的 ⬓(拉伸切除)工具,选择终止条件为"完全贯穿",单击 ↗ "反向"按钮,单击 ✓(确定)按钮生成切除-拉伸 3,如图 21-22 所示。

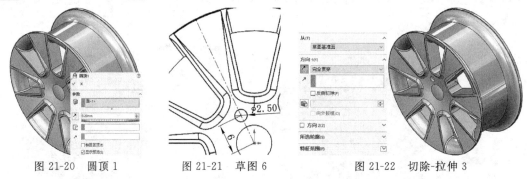

图 21-20　圆顶 1　　　　图 21-21　草图 6　　　　图 21-22　切除-拉伸 3

(25) 在前导视图工具栏中开启 ⬦(临时轴)。单击特征工具栏中的 ⬡(圆周阵列)工具,选择临时轴为阵列轴,选择阵列类型为"等间距",给定角度为 360°,实例数为 5;激活"要阵列的特征"选项框,在图形区域中选择"切除-拉伸 3"特征,单击 ✓(确定)按钮生成阵列(圆周)2,如图 21-23 所示。

(26) 以上步骤为车毂制作,下面的操作将绘制轮胎。选择"前视基准面",单击 ⬓(草图绘制)工具绘制草图 7,选择车毂实体最外轮廓边线,单击 ⬓(转换实体引用)工具;保持边线选择,单击 ⬓(等距实体)工具,给定等距距离为 10 mm;单击特征工具栏中的 ⬓(拉伸凸台/基体)工具,选择终止条件为"两侧对称",给定深度为 25 mm,取消"合并结果"选项,单击 ✓(确定)按钮生成凸台-拉伸 2,如图 21-24 所示。

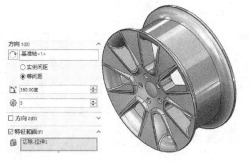

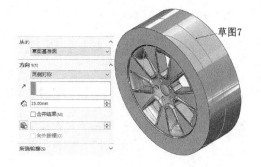

图 21-23　阵列(圆周)2　　　　　　　　图 21-24　草图 7 与凸台-拉伸 2

（27）单击特征工具栏中的 （圆角）工具，选择 "恒定大小圆角"类型，给定半径为 4 mm；接着，在图形区域中选择"凸台-拉伸 2"实体外轮廓线，单击 （确定）按钮生成圆角 6，如图 21-25 所示。

（28）再次单击 （圆角）工具，选择 "恒定大小圆角"类型，选择圆角方式为"非对称"，给定距离 1 为 4 mm，距离 2 为 0.5 mm，接着在图形区域选择"凸台-拉伸 2"实体内轮廓线⑦，单击 （确定）按钮生成圆角 7，如图 21-26 所示。

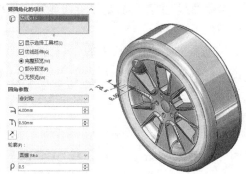

图 21-25　圆角 6　　　　　　　　　　图 21-26　圆角 7

（29）单击标准工具栏中的 （保存）工具，取名为"车轮.sldprt"。

21.2　车体制作

（1）单击标准工具栏中的 （新建）工具，在弹出的"新建 SolidWorks 文件"浮动框中选择 "零件"选项，单击"确定"按钮。

（2）在特征管理设计树中选择"上视基准面"，单击 （草图绘制）工具绘制草图 1，单击 （中心线）工具，参照图 21-27 绘制三条参考线，单击 （智能尺寸）工具完全定中心线；接着，单击 （圆锥）工具，选择中心线的"点 1"和"点 2"为起始点，"点 3"为圆锥曲线的交点，再次单击 （智能尺寸）工具完全定义曲线，单击图形区域右上角的 "确定"图标退出草图 1 绘制。

(3) 选择"右视基准面",单击 ⊏ (草图绘制)工具绘制草图 2,以步骤(2)的方法先绘制中心线,再绘制圆锥曲线,最后单击 ◈ (智能尺寸)工具完全定义曲线,单击图形区域右上角的 ↳ "确定"图标退出草图 2 绘制,如图 21-28 所示。

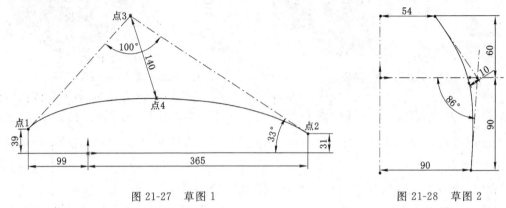

图 21-27 草图 1   图 21-28 草图 2

注意:在车体制作中将大量使用 ⋒ (圆锥)工具绘制圆锥曲线,而不用 Ⓝ (样条曲线)工具绘制曲线,主要目的是尽可能地减少曲线控制点,避免过多地控制点产生多个面进而影响曲面的平滑。

(4) 单击曲面工具栏中的(扫描曲面)工具,选择扫描类型为"草图轮廓",接着在图形区域中的弹出设计树中选择"草图 1"为轮廓,选择"草图 2"为路径;单击 ⊟ "双向"按钮,选择轮廓方位为"保持法线不变",单击 ✔ (确定)按钮生成曲面-扫描 1,如图 21-29 所示。

(5) 选择"前视基准面",单击 ⊏ (草图绘制)工具绘制草图 3,按〈Ctrl+8〉组合键切换视图为正视于,单击 ⁄ (中心线)工具以草图原点为基准点绘制连续参考线,单击 ◈ (智能尺寸)工具完全定中心线;单击 ⋒ (圆锥)工具参照图 21-30 所示绘制两条相连的圆锥曲线。

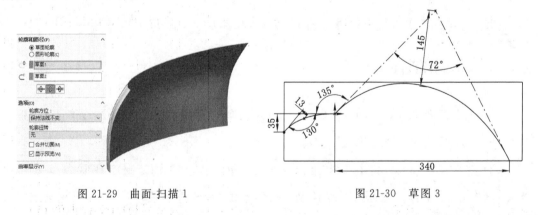

图 21-29 曲面-扫描 1   图 21-30 草图 3

(6) 单击曲面工具栏中的 ⊘ (剪裁曲面),选择剪裁类型为"标准",激活"剪裁工具"选项框,在图形区域中选择"草图 3";选择"移除选择"选项,激活"要移除部分"选项框,在图形区域中选择"草图 3"上部分,单击 ✅(确定)按钮生成曲面-剪裁 1,如图 21-31 所示。

(7) 单击曲线工具栏中的 ▦(分割线)工具,选择分割类型为"交叉点";在图形区域中的弹出设计树中选择"右视基准面"为分割实体;接着选择"曲面-剪裁 1"为要分割面,单击 ✅(确定)按钮生成分割线 1,如图 21-32 所示。

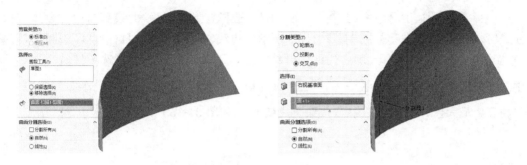

图 21-31　曲面-剪裁 1　　　　　　　　图 21-32　分割线 1

(8) 单击参考几何体工具栏 ▥(基准面)工具,选择"上视基准面"为第一参考;在图形区域选择顶点①为第二参考,如图 21-33 所示,单击 ✅(确定)按钮生成基准面 1。

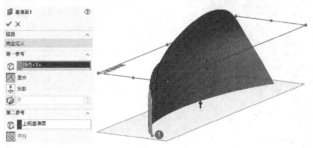

图 21-33　基准面 1

(9) 选择"基准面 1",单击 ▢(草图绘制)工具绘制草图 4,单击 ✏(中心线)工具任意绘制一条水平线段,按〈Ctrl+7〉组合键切换视图为等轴测,按〈Ctrl〉键选择中心线端点和"分割线 1",添加 🖰"穿透"几何关系;按〈Ctrl+8〉组合键切换视图为正视于,然后以"交叉点 1"和"交叉点 2"为起始点绘制中心线,并分别为"中心线"与"底边线"添加 🖰"相切"几何关系;单击 ⌒(圆锥)工具,参照图 21-34 所示绘制曲线。

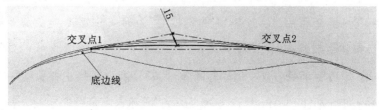

图 21-34　草图 4

(10) 单击 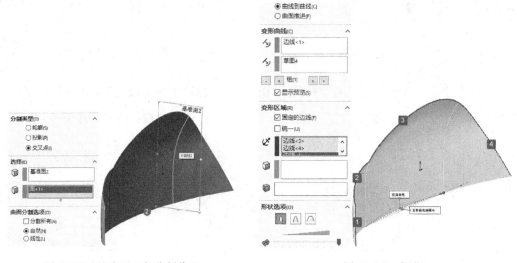（基准面）工具，选择"右视基准面"为第一参考；在图形区域选择"交叉点2"为第二参考，单击 ✓（确定）按钮生成基准面 2。单击曲线工具栏中的 ⊞（分割线）工具，选择分割类型为"交叉点"；在图形区域中选择"基准面 2"为分割实体，选择"曲面-剪裁1"为要分割面，单击 ✓（确定）按钮生成分割线 2，如图 21-35 所示。

(11) 单击特征工具栏中的 ⊞（变形）工具，选择变形类型为"曲线到曲线"；激活"初始曲线"选项框，在图形区域中选择图 21-35 所示的边线②；接着激活"目标曲线"选项框，选择"草图 4"；在属性栏中选择"固定边线"和"统一"选项，激活"固定曲线"选项框，在图形区域中选择曲面除底边线以外的①～④条边线；选择形状选项为 ∧"刚度-最小"，调整 ◈ 形状精度为最大值，单击 ✓（确定）按钮生成变形 1，如图 21-36 所示。

图 21-35　基准面 2 与分割线 2　　　　图 21-36　变形 1

(12) 隐藏"草图 4"、"基准面 1"和"基准面 2"；单击特征工具栏中的 ⋈（镜像）工具，在弹出设计树中选择"前视基准面"为镜像面；激活"要镜像实体"选项框，在图形区域中选择"变形 1"曲面，单击 ✓（确定）按钮生成镜像 1，如图 21-37 所示。

(13) 选择"上视基准面"，单击 ⊏（草图绘制）工具绘制草图 5，单击 ◠（3 点圆弧），以顶点③、④为起始点绘制半径为 160 mm 的圆弧，单击图形区域右上角的 ↳ "确定"图标退出草图 5 绘制，如图 21-38 所示。

(14) 单击 ▤（基准面）工具，选择"右视基准面"为第一参考，给定偏移距离为 65 mm，单击 ✓（确定）按钮生成基准面 3；选择"基准面 3"，单击 ⊏（草图绘制）工具绘制草图 6，单击 ◠（3 点圆弧）绘制半径为 320 mm 的圆弧；接着分别为圆弧左右端点与曲面边线添加"穿透"几何关系，如图 21-39 所示，单击 ↳ "确定"图标退出草图 6 绘制。

(15) 选择"上视基准面"，单击 ⊏（草图绘制）工具绘制草图 7，单击 ◠（3 点圆弧）绘制半径为 135 mm 的圆弧，为圆弧左右端点与曲面边线添加"穿透"几何关系，如图 21-40 所

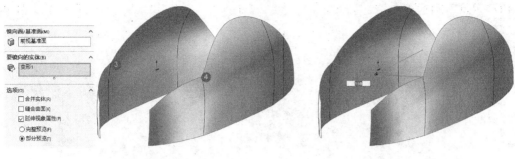

图 21-37 镜像 1   图 21-38 草图 5

示,单击 ⟳ "确定"图标退出草图 7 绘制。

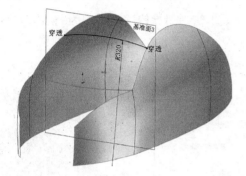

图 21-39 基准面 3 与草图 6

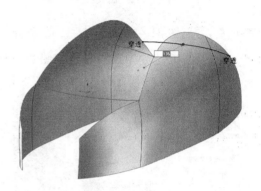

图 21-40 草图 7

(16) 单击曲面工具栏中的 ⬇(放样曲面)工具,激活轮廓选项框,在弹出设计树中依次选择"草图 5""草图 6""草图 7";激活引导线选项框,开启 SelecionManager 选择工具栏的 🔲(选择组)工具,依次选择组 ① 和组 ②(注意选择完成一组边线后,请单击 SelecionManager 选择工具栏中 ✔ "确定"按钮),选择引导线感应类型为"整体",单击 ✔ (确定)按钮生成曲面-放样 1,如图 21-41 所示。

(17) 单击 🔟(3D 草图)工具绘制 3D 草图 1,单击草图工具栏中 ▦(基准面)工具,选择顶点 ⑤为第一参考,顶点 ⑥为第二参考,顶点 ⑦为第三参考,单击 ✔ (确定)按钮生成 3D 草图基准面 1;保持 3D 草图"基准面 1"激活状态(黄色),单击 ⌒(3 点圆弧)以"顶点 ⑤"和"顶点 ⑥"为起始点绘制半径为 200 mm 的圆弧,如图 21-42 所示,单击 ⟳ "确定"图标退出 3D 草图 1 绘制。

(18) 单击曲面工具栏中的 ⬇(放样曲面)工具,开启 SelecionManager 选择工具栏的 🔲(选择组)工具,参照图 21-43 选择"圆形"标记的边线 ①、②为轮廓;选择"方形"标记的两条边线 ①、②为引导线,选择引导线感应类型为"整体",单击 ✔ (确定)按钮生成曲面-放样 2。

(19) 单击 🔟(3D 草图)工具绘制 3D 草图 2,单击 ╱(直线)工具连接底边线前端的两个端点,单击 ⟳ "确定"图标退出 3D 草图 2 绘制。单击曲面工具栏中的 ⬇(放样曲

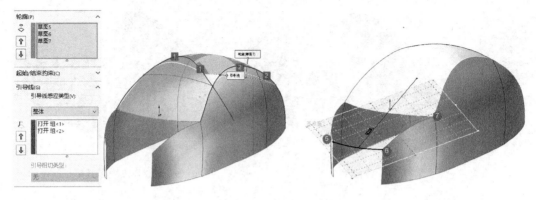

图 21-41　曲线-放样 1　　　　　　　　　图 21-42　3D 草图 1

面)工具,参照图 21-44 选择轮廓①、②和引导线⓵、⓶,选择引导线感应类型为"整体",单击 ✔ (确定)按钮生成曲面-放样 3,如图 21-44 所示。

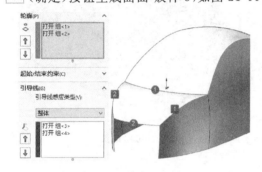
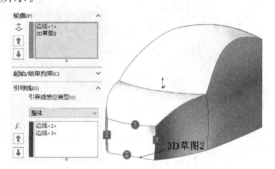

图 21-43　曲面-放样 2　　　　　　　　　图 21-44　3D 草图 2 与曲面-放样 3

(20) 选择"基准面 1",单击 ⊏ (草图绘制)工具绘制草图 8,单击 ⌢ (3 点圆弧)工具以底边线后端的两个端点为起始点绘制半径为 300 mm 的圆弧,单击 ↳ "确定"图标退出草图 8 绘制。单击曲面工具栏中的 ⬇ (放样曲面)工具,参照图 21-45 选择轮廓①、②和引导线⓵、⓶,选择引导线感应类型为"整体",单击 ✔ (确定)按钮生成曲面-放样 4。

(21) 单击曲面工具栏中的 🎨 (缝合曲面)工具,在图形区域中选择所有 6 个曲面,单击 ✔ (确定)按钮生成曲面-缝合 1,如图 21-46 所示。

(22) 单击特征工具栏中的 🔲 (圆角)工具,选择圆角类型为 🔲 "恒定大小圆角",给定半径为 30 mm;接着在图形区域中选择车体前端的两条边线,单击 ✔ (确定)按钮生成圆角 1,如图 21-47 所示。

(23) 按住〈Shift〉键,在特征管理设计树中选择"曲面-扫描 1"到"圆角 1"的所有选项,右击鼠标,在弹出菜单中选择"添加到新文件夹",取名为"车体",如图 21-48 所示。

(24) 单击标准工具栏中的 💾 (保存)工具,取名为"甲壳虫汽车. sldprt"。

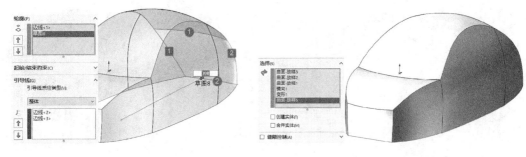

图 21-45　草图 8 与曲面-放样 4　　　　图 21-46　曲面-缝合 1

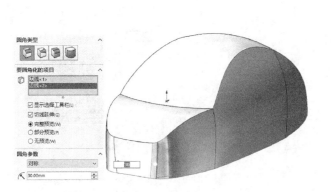

图 21-47　圆角 1

图 21-48　添加到新文件夹

21.3　车头与车尾制作

（1）单击标准工具栏中的 📂（打开）工具，选择"甲壳虫汽车.sldprt"文件，继续上一节的操作。

（2）在特征管理设计树中选择"前视基准面"，单击 🖊（草图绘制）工具绘制草图 9，首先单击 ⟋（中心线）工具以草图原点为基准绘制 5 条中心线（①～⑤标记显示）；接着应用 ⟋（直线）、⌒（切线弧）、⌒（圆锥）和 ⟋（智能尺寸）工具参照图 21-49 绘制闭合形体；最后为圆锥曲线和两侧的中心线④、⑤添加 ⟲"相切"几何关系。

（3）单击特征工具栏中的 🎁（拉伸凸台/基体）工具，选择终止条件为"给定深度"，给定深度为 95 mm，单击 ✔（确定）按钮生成凸台-拉伸 1，如图 21-50 所示。

（4）隐藏"圆角 1"曲面即车体部分。选择"右视基准面"，单击 🖊（草图绘制）工具绘制草图 10，应用 ⟋（中心线）、⌒（圆锥）和 ⟋（智能尺寸）工具参照图 21-51 所示绘制形体，注意为圆锥曲线和实体侧边线添加 ⟲"相切"几何关系。

（5）单击特征工具栏中的 🎁（拉伸切除）工具，选择终止条件为"完全贯穿-两者"，选择

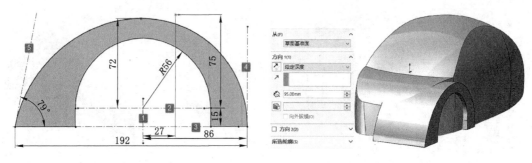

图 21-49　草图 9　　　　　　　　　　图 21-50　凸台-拉伸 1

"反侧切除"选项,单击 ☑(确定)按钮生成切除-拉伸 1,如图 21-52 所示。

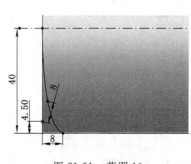

图 21-51　草图 10　　　　　　　　　　图 21-52　切除-拉伸 1

(6) 单击特征工具栏中的 ▣(圆角)工具,选择圆角类型为 ▣"恒定大小圆角",选择圆角方法为"非对称",给定 ◠ 距离 1 为 50 mm, ▮ 距离 2 为 95 mm("凸台-拉伸 1"的厚度);取消"切线延伸"选项,然后在图形区域中选择图 21-52 所示的边线①;在属性栏底部选择扩展方式为"保持边线",单击 ☑(确定)按钮生成圆角 2,如图 21-53 所示。

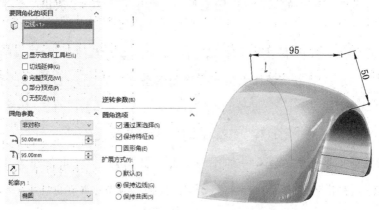

图 21-53　圆角 2

(7) 单击曲线工具栏中的 ▨(直纹曲面)工具,选择类型为"锥削到向量",给定距离为 15 mm;激活"参考向量"选项框,然后在图形区域中选择"前视基准面";给定角度为 80°,激活"边线选择"选项框,在图形区域中选择实体内环外侧的①～⑤边线(注意:如果曲面不连贯,可以在"边线选择"选项框中选择此段边线,单击"交替边"按钮);最后选择"剪裁和缝合"与"连接曲面"选项,单击 ☑ (确定)按钮生成直纹曲面1,如图21-54所示。

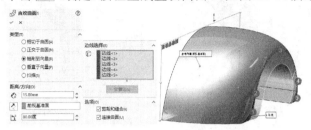

图 21-54 直纹曲面 1

(8) 单击参考几何体工具栏中的 ▦ (基准面)工具,选择"上视基准面"为第一参考,给定偏移距离为 46 mm,选择"反转等距"选项,单击 ☑ (确定)按钮生成基准面4;单击曲线工具栏中的 ▦ (分割线)工具,选择类型为"交叉点",选择"基准面4"为分割实体,在图形区域中选择"直纹曲面1"①和"圆角2"②曲面为要分割的面,单击 ☑ (确定)按钮生成分割线3,如图21-55所示。

(9) 单击 ▦ (基准面)工具,选择"前视基准面"为第一参考,给定偏移距离为 50 mm,选择"反转等距"选项,单击 ☑ (确定)按钮生成基准面5;单击特征工具栏中的 ▨ (使用曲面切除)工具,选择"基准面5",单击 ☑ (确定)按钮生成使用曲面切除1,如图21-56所示。

图 21-55 基准面 4 与分割线 3   图 21-56 基准面 5 与使用曲面切除 1

(10) 隐藏"基准面4"和"基准面5"。单击曲面工具栏中的 ▨ (删除面)工具,选择选项为"删除",然后在图形区域中选择图21-56所示的面①以外的所有实体面,单击 ☑ (确定)按钮生成删除面1,如图21-57所示。

(11) 选择"前视基准面",单击 ▢ (草图绘制)工具绘制草图11,应用 ↗ (中心线)、⌢ (圆锥)和 ↖ (智能尺寸)工具参照图21-58绘制形体,单击 ↩ "确定"图标退出草图11绘制。

(12) 单击曲面工具栏中的 ▼ (放样曲面)工具,开启 SelecionManager 选择工具栏的 ▥ (选择组)工具,选择如图21-58所示的"线组1"①、②和"草图11"为轮廓;选择开始约

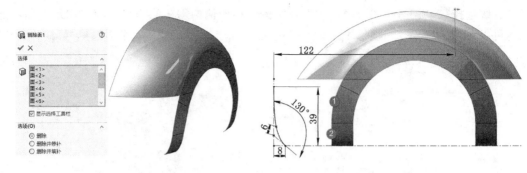

图 21-57　删除面 1　　　　　　　　　　　图 21-58　草图 11

束为"方向向量",在弹出设计树中选择"右视基准面",取消"应用到所有";在图形区域中选择①号箭头(显示为洋红色),在属性栏中给定 "相切长度"为 0.5;选择②号箭头,给定 "相切长度"为 0.8;选择③号箭头,给定 "相切长度"为 0.7。继续设置放样曲面属性栏,选择结束约束为"垂直于轮廓",给定 "相切长度"为 1.2,单击 (确定)按钮生成曲面-放样 6,如图 21-59 所示。

(13) 绘制车灯,选择"右视基准面",单击 (草图绘制)工具绘制草图 12,单击 (中心线)工具以草图原点为基准绘制正交参考线,单击 (椭圆)工具以两条中心线的交叉点为中心绘制长轴为 26 mm、短轴为 22 mm 的椭圆;单击 (等距实体)工具,选择椭圆为对象,选择"反向"选项,给定距离为 0.5 mm;单击 (智能尺寸)工具完全定义尺寸,如图 21-60 所示。

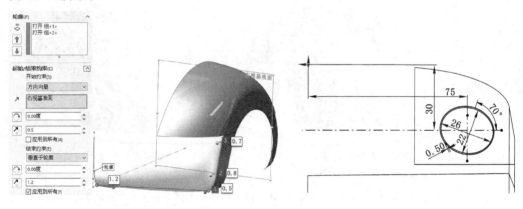

图 21-59　曲面-放样 6　　　　　　　　　　图 21-60　草图 12

(14) 单击曲线工具栏中的 (分割线)工具,选择分割类型为"投影",在弹出设计树中选择"草图 12"为要投影的草图;在图形区域中选择"曲面 1",选择"单向"选项,单击 (确定)按钮生成分割线 4,如图 21-61 所示。

(15) 单击曲面工具栏中的 (等距曲面)工具,在图形区域中选择如图 21-61 所示的"曲面①",给定等距距离为 0.5 mm,单击 (确定)按钮生成曲面-等距 1;单击曲面工具栏

中的 （删除面）工具，选择选项为"删除"，然后在图形区域中选择"曲面①"和外环曲面，单击 ✔（确定）按钮生成删除面 2，如图 21-62 所示。

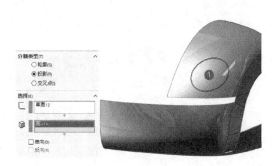
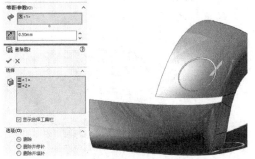

图 21-61　分割线 4　　　　　　图 21-62　曲面-等距 1 与删除面 2

　　（16）单击曲面工具栏中的 ◈（边界曲面）工具，在图形区域中选择"曲面-等距 1"和"删除面 1"的边线，调整同步点，单击 ✔（确定）按钮生成边界-曲面 1，如图 21-63 所示。

　　（17）单击特征工具栏中的 ◫（镜像）工具，在弹出设计树中选择"前视基准面"为镜像面；激活"要镜像的实体"选项框，在图形区域中选择①～⑤的曲面，单击 ✔（确定）按钮生成镜像 2，如图 21-64 所示。

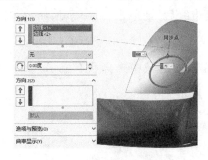

图 21-63　边界-曲面 1　　　　　　图 21-64　镜像 2

　　（18）单击曲面工具栏中的 ◈（边界曲面）工具，在图形区域中选择图 21-65 所示的边线①、②，然后在"方向 1"选项框中分别选择两条边线，设置相切类型为"与面相切"，给定相切长度 0.8，单击 ✔（确定）按钮生成边界-曲面 2，如图 21-65 所示。

　　（19）单击曲面工具栏中的 ⬇（放样曲面）工具，开启 SelecionManager 选择工具栏中的 ◫（选择组）工具，选择"线组 1"和"线组 2"为轮廓；选择开始约束为"方向向量"，在弹出设计树中选择"前视基准面"为方向，取消"应用到所有"；在图形区域中选择①号箭头（显示为洋红色），在属性栏中给定 ↗"相切长度"为 1.0；选择②号箭头，给定 ↗"相切长度"为 1.1；选择③号箭头，给定 ↗"相切长度"为 1.3；选择④号箭头，给定 ↗"相切长度"为 1.0。继续设置放样曲面属性栏，设定"结束约束"的类型、"相切长度"①～④与"开始约束"一致。单击 ✔（确定）按钮生成曲面-放样 7，如图 21-66 所示。

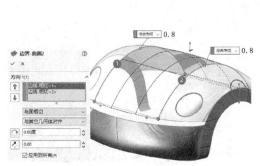

图 21-65　边界-曲面 2

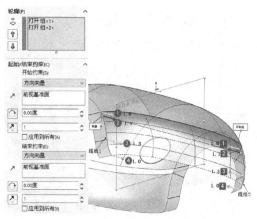

图 21-66　曲面-放样 7

（20）选择"前视基准面"，单击 ▢（草图绘制）工具绘制草图 13，单击 ⟋（直线）工具以曲面"顶点 1"为起点绘制线段，按〈Ctrl＋7〉组合键切换视图为等轴测，选择直线中点和曲面边线，添加"穿透"几何关系，如图 21-67 所示，单击 ↳ "确定"图标退出草图 13 绘制。

（21）单击曲面工具栏中的 ⬇（放样曲面）工具，激活轮廓选项框，开启 SelecionManager 选择工具栏的 ⬚（选择组）工具，在图形区域中依次线组①、②、③；激活引导线选项框，依次选择线组￼、￼（注意选择完成一组边线后，请单击 SelecionManager 选择工具栏中 ✓ "确定"按钮），单击 ✓（确定）按钮生成曲面-放样 8，如图 21-68 所示。

（22）单击曲面工具栏中的 ⬚（缝合曲面）工具，在图形区域中选择所有显示的 13 个曲面，单击 ✓（确定）按钮生成曲面-缝合 2，如图 21-68 所示。

图 21-67　草图 13

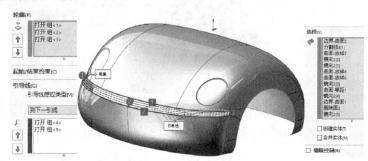

图 21-68　曲面-放样 8 与曲面-缝合 2

（23）选择"右视基准面"，单击 ▢（草图绘制）绘制草图 14，单击 ⟍（中心线）工具过草图原点绘制竖直线段，单击 ⬚（动态镜像实体）工具开启镜像轴；单击 ⟋（直线）工具在中心线一侧绘制斜线，定义角度 70°；关闭镜像轴，单击 ⌒（3 点圆弧）工具连接对称斜线的下端点，单击 ⎝（绘制圆角）工具，选择交叉点，给定半径为 25 mm；单击 ⬙（智能尺寸）工具按〈Shift〉键标注草图原心和圆弧的距离为 42 mm，如图 21-69 所示。

（24）单击曲面工具栏中的 📎（拉伸曲面）工具，选择终止条件为"两侧对称"，给定深度为 230 mm，单击 ✅（确定）按钮生成曲面-拉伸 1，如图 21-70 所示。

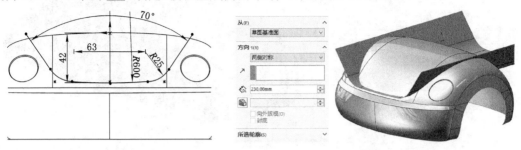

图 21-69　草图 14　　　　　　　　　　　　图 21-70　曲面-拉伸 1

（25）单击曲面工具栏中的 📎（剪裁曲面）工具，选择剪裁类型为"相互"，然后在图形区域中选择"曲面-缝合 2"与"曲面-拉伸 1"，选择"移除选择"选项，激活"要移除的部分"选项框，在图形区域中选择移除部分①和②，单击 ✅（确定）按钮生成曲面-剪裁 2，如图 21-71所示。

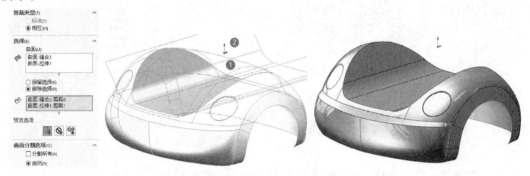

图 21-71　曲面-剪裁 2

（26）在参考几何体工具栏中单击 📙（基准面）工具，在弹出设计树中选择"右视基准面"为第一参考，给定偏移距离为 111 mm，单击 ✅（确定）按钮生成基准面 6；单击特征工具栏中的 🔛（镜像）工具，选择"基准面 6"为镜像面，选择"曲面-剪裁 2"曲面为要镜像的实体，单击 ✅（确定）按钮生成镜像 3，显示"圆角 1"曲面，如图 21-72 所示。

（27）单击曲面工具栏中的 📎（剪裁曲面）工具，选择剪裁类型为"相互"，然后在图形区域中选择"圆角 1"、"曲面-缝合 2"与"镜像 3"，选择"保留选择"选项，激活"要保留的部分"选项框，在图形区域中选择部分①、②、③和④，单击 ✅（确定）按钮生成曲面-剪裁 3，如图21-73 所示。

（28）按住〈Shift〉键，在特征管理设计树中选择"凸台-拉伸 1"到"曲面-剪裁 3"的所有选项，右击鼠标，在弹出菜单中选择"添加到新文件夹"，取名为"车头与车尾"，如图 21-74所示。

（29）单击标准工具栏中的 💾（保存）工具。

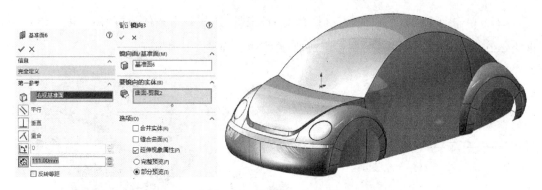

图 21-72　基准面 6 与镜像 3

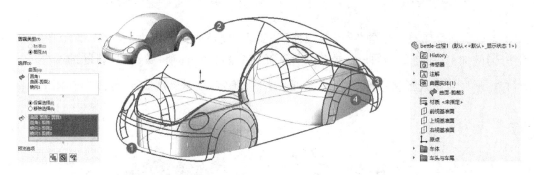

图 21-73　曲面-剪裁 3　　　　　　　　　　　　图 21-74　添加到新文件夹

21.4　格栅与前后车窗制作

（1）继续上一节的操作，单击特征工具栏中的 （拔模）工具，选择拔模类型为"分型线"，选择"允许减少角度"选项，给定角度为 35°；在弹出设计树中选择"右视基准面"为拔模方向；激活"分型线"选项框，在图形区域中参照图 21-75 选择①～⑦的曲面边线，注意所有箭头朝内，否则单击"其他面"按钮，单击 ✔（确定）按钮生成拔模 1，如图 21-75 所示。

（2）按鼠标中键旋转视图显示汽车尾部。单击特征工具栏中的 （拔模）工具，选择拔模类型为"分型线"，选择"允许减少角度"选项，给定角度为 15°；选择"右视基准面"为拔模方向；激活"分型线"选项框，参照图 21-76 所示选择①～⑦的曲面边线，单击 ✔（确定）按钮生成拔模 2，如图 21-76 所示。

（3）单击特征工具栏中的 （圆角）工具，选择圆角类型为 "恒定大小圆角"；选择"切线延伸"和"多半径圆角"选项；然后在图形区域中参照图 21-77 所示选择边线①～③，给定边线①、②的半径为 9 mm，边线③半径为 3 mm，单击 ✔（确定）按钮生成圆角 3，如图 21-77 所示。

（4）选择"右视基准面"，单击 （草图绘制）工具绘制草图 15，单击 （中心线）工具以草图原点为基准绘制正交参考线，接着单击 （中心点直槽口）工具以交叉点为中心绘

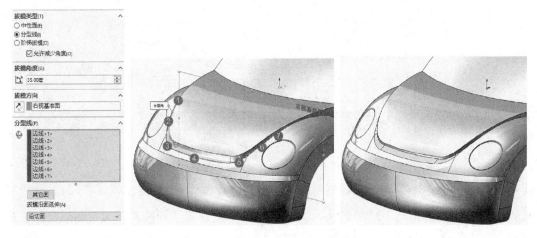

图 21-75　拔模 1

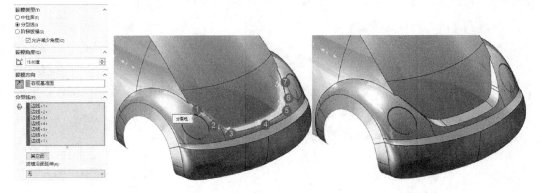

图 21-76　拔模 2

图 21-77　圆角 3

制直槽口,最后单击 ⬀ (智能尺寸)工具完全定义草图,如图 21-78 所示。

(5) 单击曲面工具栏中的 ⬚ (分割线)工具,选择分割类型为"投影",在弹出设计树中选择"草图 15"为要投影的草图;在图形区域中选择曲面①、②为要分割的面,单击 ✓ (确定)按钮生成分割线 5,如图 21-79 所示。

(6) 选择"右视基准面",单击 ⬒ (草图绘制)工具绘制草图 16,单击 ⤢ (中心线)工具过草图原点绘制竖直参考线,单击 ⬓ (动态镜像实体)工具启动镜像轴;接着单击 ⬋ (直

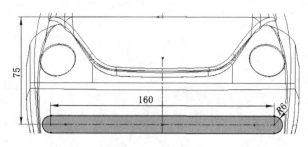

图 21-78　草图 15

线)工具以边线的"中点"为起点绘制斜线,单击 (切线弧)工具连接斜线和底边线;添加圆弧和边线"相切"几何关系,单击 (等距实体)工具,给定等距距离为 2.5 mm,注意拖拽等距线端点 1 穿过上边线;关闭镜像轴,单击 (镜像实体)工具以中心线为镜像轴镜像复制等距线;最后单击 (智能尺寸)工具完全定义草图,如图 21-80 所示。

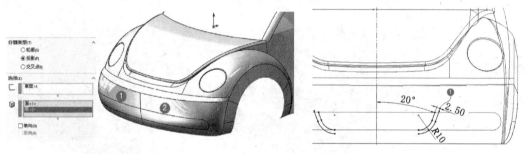

图 21-79　分割线 5　　　　　　　　　图 21-80　草图 16

　　(7) 单击曲面工具栏中的 (分割线)工具,选择分割类型为"投影",在弹出设计树中选择"草图 16"为要投影的草图;在图形区域中选择"分割线 5"内的两个面为要分割的面,单击 (确定)按钮生成分割线 6,如图 21-81 所示。

图 21-81　分割线 6

　　(8) 单击曲面工具栏中的 (等距曲面)工具,在图形区域中选择图 21-81 所示的曲面①～④,给定等距距离为 2 mm,单击 (确定)按钮生成曲面-等距 2;单击曲面工具栏中的 (删除面)工具,选择选项为"删除",然后在图形区域中选择曲面①～④,单击 (确定)按钮生成删除面 3,如图 21-82 所示。

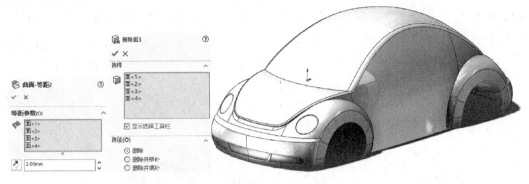

图 21-82　曲面-等距 2 与删除面 3

（9）单击曲面工具栏中的 <svg>（边界曲面）工具,开启 SelecionManager 选择工具栏的 <svg>（选择闭环）工具,在图形区域中选择"曲面-等距 2"闭环①和"删除面 3"的闭环①,单击 <svg>（确定）按钮生成边界-曲面 3,用同样的方法以②-②闭环对应生成"边界-曲面 4";以 ③-③闭环对应生成"边界-曲面 5",如图 21-83 所示。

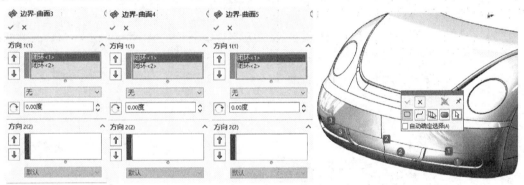

图 21-83　边界-曲面 3～5

（10）选择"右视基准面",单击 <svg>（草图绘制）工具绘制草图 17,单击 <svg>（中心线）工具过草图原点绘制竖直线,单击 <svg>（3 点圆弧）绘制半径为 400 mm 的圆弧,按住〈Ctrl〉键选择圆弧左右端点和中心线,添加"对称"几何关系,单击 <svg>（智能尺寸）工具完全定义草图,如图 21-84 所示。

（11）单击曲面工具栏中的 <svg>（分割线）工具,选择分割类型为"投影",在弹出设计树中选择"草图 17"为要投影的草图;在图形区域中选择车体曲面①为要分割的面,单击 <svg>（确定）按钮生成分割线 7,如图 21-85 所示。

（12）选择"上视基准面",单击 <svg>（草图绘制）工具绘制草图 18,单击 <svg>（中心线）工具以草图原点为基准绘制①～③中心线,接着单击 <svg>（圆锥）工具参照图 21-86 绘制圆锥曲线,最后单击 <svg>（智能尺寸）工具完全定义草图。

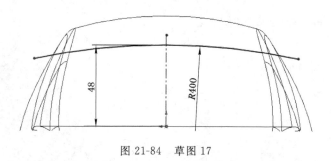

图 21-84　草图 17

图 21-85　分割线 7

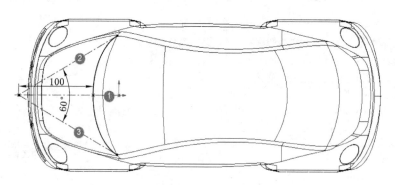

图 21-86　草图 18

（13）单击曲面工具栏中的 （分割线）工具，选择分割类型为"投影"，在弹出设计树中选择"草图 18"为要投影的草图；在图形区域中选择车体引擎盖曲面为要分割的面，单击 （确定）按钮生成分割线 8。单击曲面工具栏中的 （删除面）工具，选择选项为"删除"，选择"分割线 8"右侧的面，单击 （确定）按钮生成删除面 4，如图 21-87 所示。

（14）单击曲面工具栏中的 （直纹曲面）工具，选择类型为"相切与曲面"，给定距离为 15 mm，在图形区域中选择边线①，单击 （确定）按钮生成直纹曲面 2，如图 21-88 所示。

（15）按住〈Shift〉键，在特征管理设计树中选择"拔模 1"到"直纹曲面 2"的所有选项，右击鼠标，在弹出菜单中选择"添加到新文件夹"，取名为"格栅与前后车窗"，单击标准工具栏中的 （保存）工具。

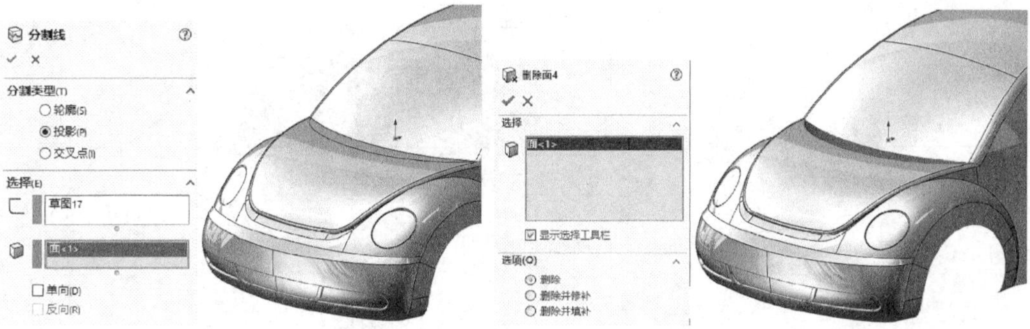

图 21-87　分割线 8 与删除面 4

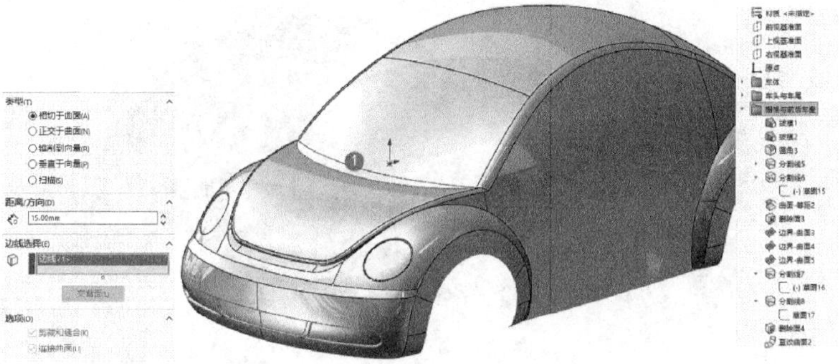

图 21-88　直纹曲面 2

21.5　侧窗与车门把手制作

(1) 继续上一节的操作，在特征管理设计树中选择“前视基准面”，单击（绘制草图）工具绘制草图 19；应用（中心线）、（智能尺寸）工具以草图原点为基准点绘制参考线 12；接着，单击（3 点圆弧）工具以水平中心线为基准绘制半径为 145 mm 的圆弧，添加“圆心”与竖直中心线“重合”几何关系，单击（直线）工具闭合圆弧；单击（等距实体）工具，选择闭合形体 1，给定等距距离为 4 mm，选择“反向”选项；最后，应用（直线）和（剪裁实体）工具分割等距实体 2，单击（智能尺寸）工具完全定义草图，如图 21-89 所示。

(2) 单击曲线工具栏中的（分割线）工具，选择分割类型为“投影”，选择车体两侧的 4 个曲面为要分割的面，单击（确定）按钮生成分割线 9，如图 21-90 所示。

(3) 选择“前视基准面”，单击（绘制草图）工具绘制草图 20；应用（中心线）、（智能尺寸）工具以草图原点为基准点绘制参考线 12；接着，单击（圆）工具以交叉点为中心绘制直径为 13 mm 的圆；最后，应用（直线）、（切线弧）和（智能尺寸）工具在竖直中心线 1 左右绘制闭合形体，按〈Ctrl〉键选择直线 12 和竖直中心线，添加“对

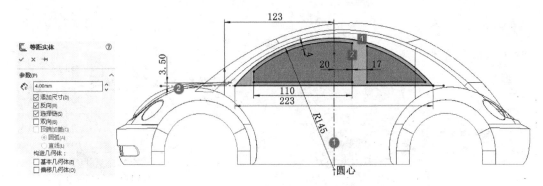

图 21-89　草图 19

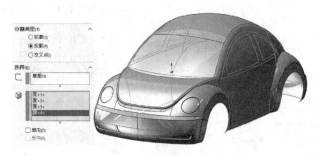

图 21-90　分割线 9

称"几何关系,如图 21-91 所示。

(4) 单击曲面工具栏中的 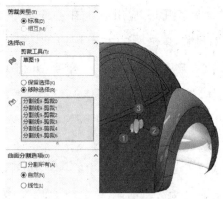(剪裁曲面)工具,选择剪裁类型为"标准";激活"剪裁工具"选项框,在弹出设计树中选择"草图 20";选择"移除选择"选项,激活"要移除的部分"选项框,在图形区域两侧面各选择"草图 20"轮廓内的 3 个面,单击 ☑ (确定)按钮生成曲面-剪裁 4,如图 21-92 所示。

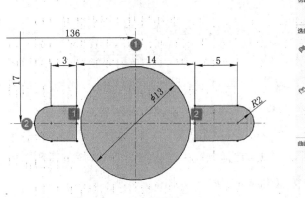

图 21-91　草图 20

图 21-92　曲面-剪裁 4

(5) 单击曲面工具栏中的 ⬇ (放样曲面)工具,开启 SelecionManager 选择工具栏中的 ▣ (选择闭环)工具,选择如图 21-92 所示的"闭环组 1"和"闭环组 2"为轮廓;选择开始约束为"方向向量",在弹出设计树中选择"前视基准面",取消"应用到所有";在图形区域中选择 1 号箭头（显示为洋红色），在属性栏中给定 "相切长度"为 0.7，按〈Enter〉键；选择 2 号箭头，给定 "相切长度"为 0.9；选择 3 号箭头，给定 "相切长度"为 0.7；选择 4 号箭头，给定 "相切长度"为 0.9。继续设置放样曲面属性栏，设定"结束约束"为"方向向量"，选择"前视基准面"为方向，取消"应用到所有"；选择 1 号箭头，给定 "相切长度"为 0.9；选择 2 号箭头，给定 "相切长度"为 0.7；选择 3 号箭头，给定 "相切长度"为 0.9；选择 4 号箭头，给定 "相切长度"为 0.7。单击 （确定）按钮生成曲面-放样 9，如图 21-93 所示。

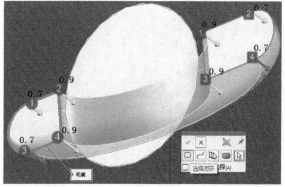

图 21-93　曲面-放样 9

（6）显示"草图 20"，单击参考几何体蓝中的 （基准面）工具，在弹出设计树中选择"右视基准面"为第一参考；在图形区域中选择"草图 20"中心线①的端点为第二参考，单击 （确定）按钮生成基准面 7，如图 21-94 所示。

（7）选择"基准面 7"，单击 （草图绘制）工具绘制草图 21，单击 （中心线）工具绘制 4 条参考线，其中，中心线②过①的"中点"垂直①；中心线③与④垂直。单击 （圆锥）工具参照图 21-95 绘制圆锥曲线；按〈Ctrl＋7〉键切换视图为轴等测，按住〈Ctrl〉键选择圆锥曲线的上端点□与边线⑤，添加 "穿透"几何关系；用同样的方法选择端点②与边线⑤添加 "穿透"几何关系，如图 21-95 所示，单击 "确定"图标退出草图的绘制。

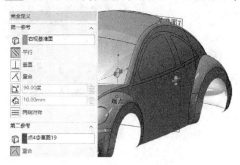
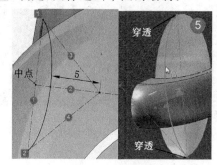

图 21-94　基准面 7　　　　　　　　　　　图 21-95　草图 21

（8）隐藏"草图 19"，单击曲面工具栏中的 （填充曲面）工具，在图形区域中选择如图 21-95 所示的边线⑤为修补边界；选择边线设定类型为"相触"，激活"约束曲线"选项框，在图形区域中选择"草图 20"的圆锥曲线，单击 ☑（确定）按钮生成曲面填充 1，如图 21-96 所示。

（9）单击参考几何体工具栏中的 ▣（基准面）工具，在弹出设计树中选择"上视基准面"为第一参考，给定偏移距离为 78 mm，选择"反向等距"选项，单击 ☑（确定）按钮生成基准面 8，如图 21-97 所示。

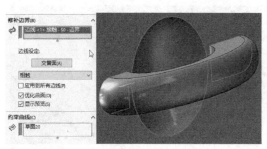

图 21-96　曲面填充 1

图 21-97　基准面 8

（10）单击曲线工具栏中的 ▣（分割线）工具，选择分割类型为"交叉点"，选择"基准面 8"为要分割实体；接着在图形区域中选择选择图 97 所示的面①、②、③，以及相对称的三个面，单击 ☑（确定）按钮生成分割线 10，隐藏"基准面 8"，如图 21-98 所示。

（11）单击曲面工具栏中的 ⬇（放样曲面）工具，激活轮廓选项框，开启 SelecionManager选择工具栏的 ▨（选择组）工具，在图形区域中选择如图 21-98 所示的边线①、②为"组 1"，选择边线③、④为"组 2"；激活引导线选项框，选择边线①，单击 ☑（确定）按钮生成曲面-放样 10，如图 21-99 所示。

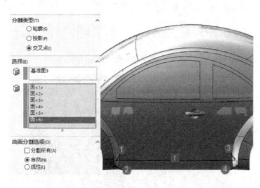

图 21-98　分割线 10

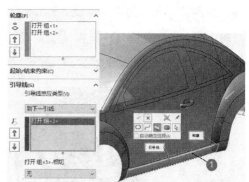

图 21-99　曲面-放样 10

（12）单击特征工具栏中的 ▣（圆角）工具，选择圆角类型为 ▣ "恒定大小圆角"，选择圆角方法为"非对称"，给定 ⟋ 距离 1 为 4 mm，⟋ 距离 2 为 1 mm；最后在图形区域中选择如图 21-99 所示的边线①,单击 ✓(确定)按钮生成圆角 4,如图 21-100 所示。

(13)选择"前视基准面",单击 └(草图绘制)工具绘制草图 22,单击 ✑(中心线)工具连接顶点①、②,接着单击 ╱(直线)工具过中心线的"中点"绘制竖直线段,注意长度贯穿车体高度,如图 21-101 所示。

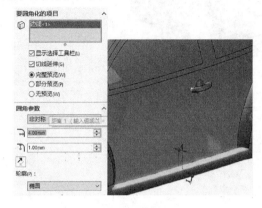

图 21-100　圆角 4

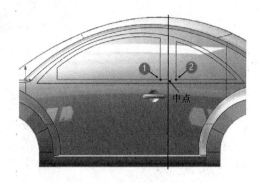

图 21-101　草图 22

(14)单击曲线工具栏中的 🗔(分割线)工具,选择分割类型为"投影",在图形区域中选择选择车体两侧的面①~④,单击 ✓(确定)按钮生成分割线 11,如图 21-102 所示。

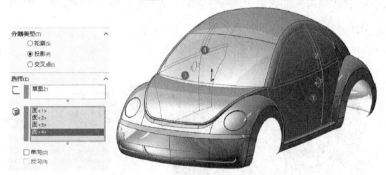

图 21-102　分割线 11

(15)单击特征工具栏中的 🗠(镜像)工具,在弹出设计树中选择"前视基准面"为镜像面;激活"要镜像的实体"选项框,在图形区域中选择侧条①、把手②和把手凹面③的三个实体,单击 ✓(确定)按钮生成镜像 4,如图 21-103 所示。

(16)单击曲面工具栏中的 🗖(缝合曲面)工具,在图形区域中选择车体、以及图21-103 所示的把手②、把手凹面③和对应的镜像曲面,单击 ✓(确定)按钮生成曲面-缝合 3,如图 21-104 所示。

(17)单击特征工具栏中的 🗔(圆角)工具,选择圆角类型为 🗔"恒定大小圆角",选择"多半径圆角"选项;接着在图形区域中选择边线①、②、③,并依次给定圆角半径为 0.5 mm、0.5 mm 和 1 mm,单击 ✓(确定)按钮生成圆角 5,如图 21-105 所示。使用同样的方

图 21-103　镜像 4

图 21-104　曲面-缝合 3

法和参数对"镜像 4"的边线进行圆角操作,生成"圆角 6"。

　　(18) 按住〈Shift〉键,在特征管理设计树中选择"分割线 9"到"圆角 6"的所有选项,右击鼠标,在弹出菜单中选择"添加到新文件夹",取名为"侧窗与车门把手",如图 21-106 所示,单击标准工具栏中的 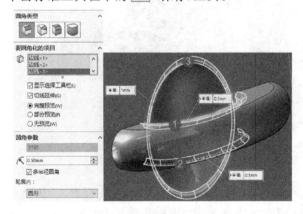（保存）工具。

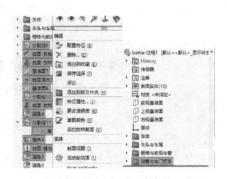

图 21-105　圆角 5 与圆角 6　　　　　　　图 21-106　添加到新文件夹

21.6　后视镜制作

　　(1) 继续上一节的操作,在这一节中将完成汽车后视镜的制作,其制作方法类似与鼠标造型的制作。选择"上视基准面",单击 ⬜（草图绘制）工具绘制草图 23,应用 ✏️（中心线）、📏（直线）、⌒（3 点圆弧）和 📐（智能尺寸）工具参照图 21-107 绘制闭合形体,注意尺寸"22 mm"和"88 mm"以草图原点为基准点标注的尺寸。此外,为圆弧圆心与直线①添

加 "重合"几何关系。

（2）单击特征工具栏中的 ▢（拉伸凸台/基体）工具，选择开始条件为 ▨ "等距"，单击"反向"按钮，输入等距值为 1.5 mm；选择终止条件为"给定深度"，给定深度为 16 mm，单击 ✓（确定）按钮生成凸台-拉伸 2，如图 21-108 所示。

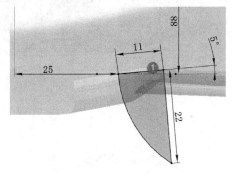

图 21-107　草图 23

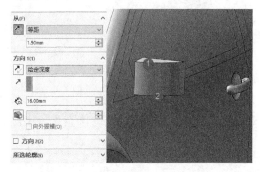

图 21-108　凸台-拉伸 2

（3）单击特征工具栏中的 ▢（圆角）工具，选择圆角类型为 ▢ "变量大小圆角"，选择圆角方法为"非对称"，轮廓为"圆锥 Rho"；在图形区域中选择如图 21-108 所示的边线①、②，接着直接在图形区域中的数值输入框中参照图 21-109 输入四个顶点的"半径 1"、"半径 2"和"圆锥 Rho"值；单击 ✓（确定）按钮生成变化圆角 1，如图 21-109 右所示。

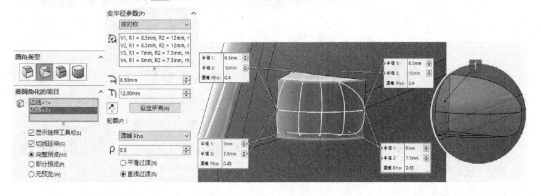

图 21-109　变化圆角 1

（4）隐藏车体即"圆角 6"；按鼠标中键旋转视图，在图形区域中选择如图 21-109 所示的面 1，单击 ▢（草图绘制）工具绘制草图 24，选择如图 21-110 所示的边线①，单击 ▢（转换实体引用）工具；接着单击 ╱（直线）工具连接引用曲线的端点形成闭合形体。

（5）单击特征工具中的 ▢（拉伸凸台/基体）工具，选择终止条件为"给定深度"，给定深度为 10 mm，单击 ✓（确定）按钮生成凸台-拉伸 3，如图 21-111 所示。

（6）单击特征工具栏中的 ▢（圆角）工具，选择圆角类型为 ▢ "变量大小圆角"，选择圆角方法为"非对称"，轮廓为"椭圆"；在图形区域中选择如图 21-111 所示的边线 2，接着，在数值输入框中参照图 21-112 输入两个顶点的"半径 1"、"半径 2"值，选择"直线过渡"选项，

图 21-110 草图 24   图 21-111 凸台-拉伸 3

单击 ✔（确定）按钮生成变化圆角 2，如图 21-112 右所示。

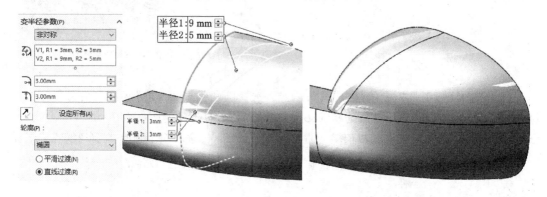

图 21-112 变化圆角 2

（7）单击特征工具栏中的 ▣（圆角）工具，选择圆角类型为 ▣ "恒定大小圆角"，给定半径值为 5 mm，选择轮廓为"圆锥 Rho"；给定 ρ 值为 0.55；接着，按鼠标中键旋转视图选择后视镜的底边线①，单击 ✔（确定）按钮生成圆角 7，如图 21-113 所示。

（8）单击特征工具栏中的 ▣（拔模）工具，选择拔模类型为"分型线"，给定拔模角度为 20°；激活"拔模方向"选项框，在弹出设计树中选择"前视基准面"；激活"分型线"选项框，在图形区域中选择如图 21-114 所示的边线①，注意分型线所指箭头朝左，否者单击"其他面"按钮，单击 ✔（确定）按钮生成拔模 3，如图 21-114 所示。

（9）单击特征工具栏中的 ▣（圆角）工具，选择圆角类型为 ▣ "恒定大小圆角"，给定半径值为 5 mm，选择圆角方法为"对称"，轮廓为"圆形"；接着在图形区域中选择图 21-114 所示的边线①，单击 ✔（确定）按钮生成圆角 8，如图 21-115 所示。

（10）单击特征工具栏中的 ▣（圆角）工具，选择圆角类型为 ▣ "恒定大小圆角"，给定半径值为 1.5 mm，选择圆角方法为"对称"，轮廓为"圆形"；接着在图形区域中选择边线①、②、③；最后，在属性栏底部的"圆角选项"栏中选择扩展方式为"保持曲面"，单击 ✔（确定）按钮生成圆角 9，如图 21-116 所示。

（11）单击曲面工具栏中的 ▣（删除面）工具，选择类型为"删除"，接着在图形区域中

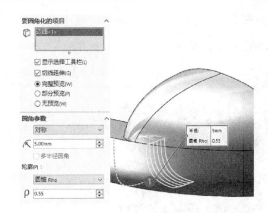

图 21-113　圆角 7

图 21-114　拔模 3

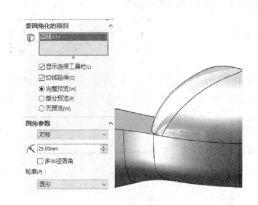

图 21-115　圆角 8

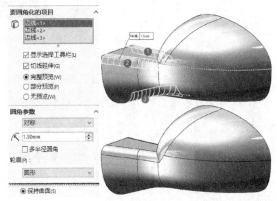

图 21-116　圆角 9

选择后视镜的端面①，单击 ✓（确定）按钮生成删除面 5，如图 21-117 所示。

（12）显示车体曲面。单击曲面工具栏中的 （等距曲面）工具，在图形区域中选择侧窗分割面①，给定等距距离为 0 mm，单击 ✓（确定）按钮生成曲面-等距 3，如图 21-118所示。

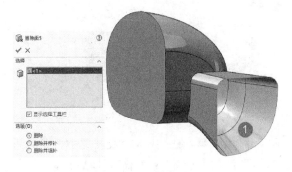

图 21-117　删除面 5

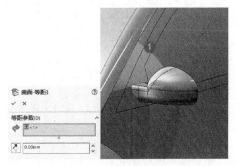

图 21-118　曲面-等距 3

（13）再次隐藏车体，只显示"曲面-等距 3"和"删除面 5"。单击曲面工具栏中的 （剪裁曲面）工具，选择剪裁类型为"相互"；接着在图形区域中选择"曲面-等距 3"和"删除面 5"

为剪裁曲面;选择"保留选择"选项,激活"保留的部分"选项框,然后在图形区域中选择部分①、②,单击 ✓ (确定)按钮生成曲面-剪裁 5,如图 21-119 所示。

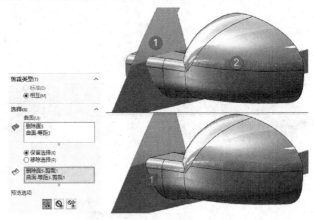

图 21-119 曲面-剪裁 5

　　(14) 单击特征工具栏中 (圆角)工具,选择圆角类型为 "恒定大小圆角",给定半径值为 1 mm,选择圆角方法为"对称",轮廓为"圆形";接着在图形区域中选择图 119 所示的边线①,单击 ✓ (确定)按钮生成圆角 10,如图 21-120 上所示。

　　(15) 单击曲面工具栏中的 (删除面)工具,选择类型为"删除",接着在图形区域中选择侧窗的曲面①,单击 ✓ (确定)按钮生成删除面 6,如图 21-120 下所示。

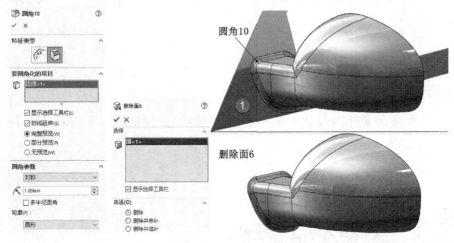

图 21-120 圆角 10 与删除面 6

　　(16) 显示车体。单击特征工具栏中的 (镜像)工具,在弹出设计树中选择"前视基准面"为镜像面;激活"要镜像的实体"选项框,在图形区域中选择"删除面 6"即后视镜,单击 ✓ (确定)按钮生成镜像 5,如图 21-121 所示。

　　(17) 按住〈Shift〉键,在特征管理设计树中选择"凸台-拉伸 2"到"镜像 5"的所有选项,右击鼠标,在弹出菜单中选择"添加到新文件夹",取名为"后视镜",如图 21-122 所示,单击

标准工具栏中的 （保存）工具。

图 21-121　镜像 5

图 21-122　添加到新文件夹

21.7　插入车轮、添加细节与渲染

（1）继续上一节的操作。在特征管理设计树中选择"车头与车尾"→"凸台-拉伸 1"→"草图 9"，显示关联工具栏，单击 （显示）工具；选择"前视基准面"，单击 （草图绘制）工具绘制草图 25，单击 （圆）工具以"草图 9"的交叉点①为圆心绘制直径为 7 mm 的圆，如图 21-123 所示。

（2）单击特征工具栏中的 （拉伸凸台/基体）工具，选择终止条件为"两侧对称"，给定拉伸深度为 185 mm，单击 （确定）按钮生成凸台-拉伸 4，隐藏"草图 9"，如图 21-124 所示。注意此步骤制作"凸台-拉伸 4"的目的是为随后插入"车轮"零部件提供实体配合参考。

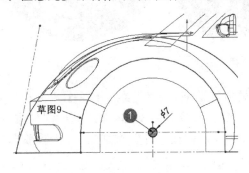

图 21-123　草图 25

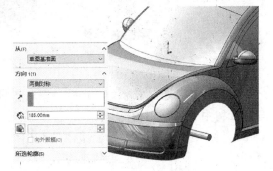

图 21-124　凸台-拉伸 4

（3）按鼠标中键旋转视图为轴视图。单击菜单栏"插入"→"零件"命令，在打开选项框中选择第一节制作完成的"车轮.sldprt"文件，单击"打开"按钮。在左侧属性栏中选择"以移动/复制特征找出零件"选项，接着在"凸台-拉伸 4"实体的右侧单击鼠标左键确定零件插入，如图 21-125 所示。

（4）此时，左侧属性栏切换为"找出零件"属性，单击"约束"按钮显示"配合设定"选项框，在图形区域中选择"凸台-拉伸 4"实体的圆柱面①和轮胎零件的圆边线②，选择"同心"配合，单击"添加"按钮；按鼠标中键旋转视图至轮胎零件背面，选择"凸台-拉伸 4"实体的端面⓵与轮胎零件的内侧圆边线⓶，选择"重合"配合，单击 ✅ （确定）按钮生成实体-移动/复制 1，如图 21-126 所示。

图 21-125　插入零件

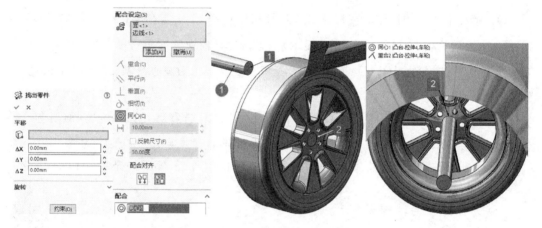

图 21-126　配合插入零件

（5）此步骤将为车轮添加材质。隐藏车体的所有曲面，接着，参照图 21-127 在特征管理设计树中选择"〈车轮〉-〈圆顶 1〉"和"〈车轮〉-〈阵列（圆周）2〉"实体，添加"镀铬"材质；按〈Shift〉键在图形区域选择轮胎实体的右侧面①、②和左侧面⓵、⓶，添加"无光泽橡胶"；选择环形面③、④、⑤，添加"轮胎花纹"。

（6）在 🌐"查看外观"管理树栏中，双击"轮胎花纹"选项开启材质属性栏；单击"高级"→"映射"标签，选择映射类型为"曲面"，取消"固定高宽比例"选项，给定宽度为 15 mm，高度为 30 mm，单击 ✅ （确定）按钮完成材质编辑，如图 21-128 所示。

（7）显示车体曲面。接着，参照图 21-129 为车体添加材质。其中车体主体①的材质选择"外观"→"油漆"→"汽车"→"白色"；设定汽车格栅②的材质为"黑色低光泽塑料"；设定车灯③的材质为"PC 塑料"；设定车窗框④的材质为"黑色软接触塑料"；设定车窗⑤为"反射蓝玻璃"。

（8）在 🌐"查看外观"管理树栏中，双击"白色"选项进行材质编辑，单击"基本"→"颜

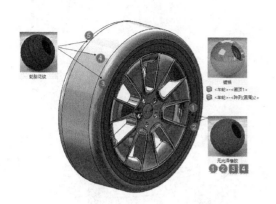

图 21-127 为车轮添加材质

图 21-128 编辑"轮胎花纹"材质

色/图像"标签,参照图 21-130 所示修改颜色为明黄色,单击 ✓(确定)按钮完成材质编辑。

图 21-129 为车体添加材质

图 21-130 修改颜色

(9)在 ⊙ "查看外观"管理树栏中,双击"黑色低光泽塑料"选项进行材质编辑,单击"高级"→"映射"标签,选择映射类型为"自动",选择"固定高宽比例"选项,给定宽度为 3 mm,高度为 3 mm;单击"高级"→"表面粗糙度"标签,选择表面粗造度类型为"圆形孔网格",给定孔大小为 0.75,单击 ✓(确定)按钮完成材质编辑,如图 21-131 所示。

(10)选择"右视基准面",单击 ⊏(草图绘制)工具绘制草图 26,单击 ◉(圆)工具绘制直径为 14 mm 的圆,添加圆心与草图原点"竖直"几何关系,如图 21-132 所示,单击 ↳"确定"图标退出草图绘制。

(11)单击特征工具栏中的 ⬚(包覆)工具,选择包覆方法为 ≋ "样条曲面",在弹出设计树中选择"草图 26"为源草图;接着,在图形区域中选择汽车的引擎盖①为要包覆草图的面,单击 ✓(确定)按钮生成包覆 1,如图 21-133 所示。

(12)在图形区域中选择"包覆 1"面,选择"外观"→"油漆"→"喷射"→"黑色喷漆"材质;保持"包覆 1"面的选择,选择 ⬚ "贴图"→"注册商标",双击载入贴图;接下来修改贴图样式,单击属性栏上端的 🖼 "图像"标签,在贴图预览栏单击"浏览"按钮,在打开对话框中选

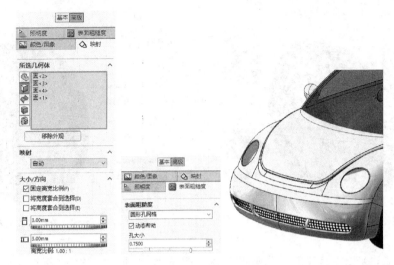

图 21-131　添加表面粗糙度

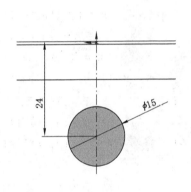

图 21-132　草图 26

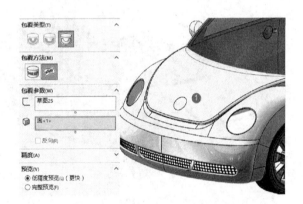

图 21-133　包覆 1

择如图 21-134 所示的黑底白图的"标志"图片；接着，在掩码图形栏中选择"图形掩码文件"选项，单击"浏览"按钮，选择同样的"标志"图片；单击属性栏上端的 "映射"标签，选择映射类型为"投影"，选择"固定高宽比例"选项，修改 高度为 14 mm，修改旋转值为 270°；单击 "照明度"标签，给定漫射量为 1.0，光泽传播/模糊值为 0.6；反射量为 0.4，单击 (确定)按钮完成开关按钮的贴图，如图 21-134 所示。

（13）单击参考几何体栏中的 （基准面）工具，在弹出设计树中选择"右视基准面"为第一参考，给定偏移距离为 68 mm，选择"反转等距"选项，单击 （确定）按钮生成"基准面 9"，如图 21-135 所示。

（14）选择"基准面 9"，单击 （草图绘制）工具绘制草图 27，单击 （圆）工具绘制直径为 13 mm 的圆，如图 21-136 所示，单击 "确定"图标退出草图绘制。

（15）单击曲面工具栏中的 （边界曲面）工具，选择"草图 27"和图 21-136 所示的边线①为"方向 1"曲线，注意同步点一致；在"方向 1"曲线选项框中选择"边线〈1〉"，接着，在下

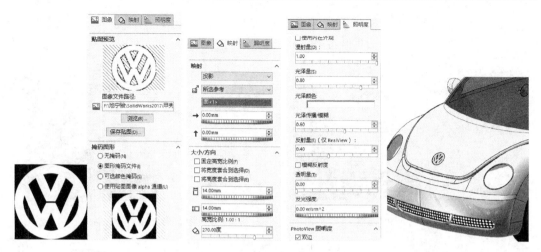

图 21-134　添加材质与贴图

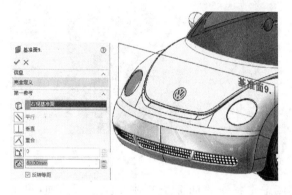

图 21-135　基准面 9

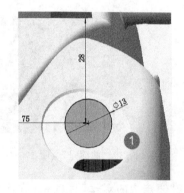

图 21-136　草图 27

面属性栏中选择相切类型为"方向向量",在弹出设计树中选择"右视基准面"为方向,单击 ✓(确定)按钮生成边界-曲面 6,如图 21-137 所示。

(16) 单击曲面工具栏中的 ⬘(直纹曲面)工具,选择类型为"扫描",给定距离为 5 mm,在弹出设计树中选择"右视基准面"为参考向量,单击 ↗"反向"按钮;最后在图形区域中选择如图 21-135 所示的边线①,单击 ✓(确定)按钮生成直纹曲面 3,如图 21-138 所示。

(17) 单击曲面工具栏中的 ▱(平面区域)工具,选择如图 21-138 所示的边线②,单击 ✓(确定)按钮生成曲面-基准面 1,如图 21-139 所示。

(18) 单击曲面工具栏中的 ▨(缝合曲面)工具,选择如图 21-139 所示的面①、②、③,单击 ✓(确定)按钮生成曲面-缝合 4。单击特征工具栏中的 ⬓(圆角)工具,选择圆角类型为 ⬓"恒定大小圆角",圆角方法为"非对称";接着,在图形区域中选择如图 21-139 所示的面②边线,给定距离 1 为 5 mm,距离 2 为 2 mm,单击 ✓(确定)按钮生成圆角 11;最后,参照图 21-140 所示为车灯添加材质。

(19) 单击特征工具栏中的 🔠(镜像)工具,在弹出设计树中选择"前视基准面"为镜像

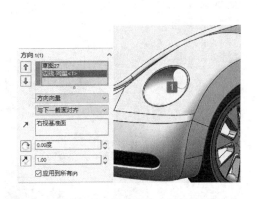

图 21-137　边界-曲面 6

图 21-138　直纹曲面 3

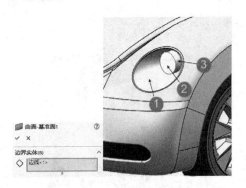

图 21-139　曲面-基准面 1

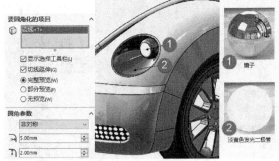

图 21-140　曲面-缝合 4、圆角 11 与添加材质

面;激活"要镜像的实体"选项框,在图形区域中选择车轮的 3 个实体以及车灯曲面,单击　☑（确定)按钮生成镜像 6;再次单击 ▦▦（镜像)工具,在弹出设计树中选择"基准面 6"为镜像面;激活"要镜像的实体"选项框,在图形区域中选择两个前轮(6 实体)和车灯(2 个曲面),单击 ☑（确定)按钮生成镜像 7,如图 21-141 所示。

图 21-141　镜像 6 与镜像 7

　　(20) 在渲染之前,可以对上述完成的甲壳虫汽车作进一步的细节处理:制作雾灯、挡雨板、底盘,添加转折面的圆角等,因此类细节操作较为雷同不再具体阐述。在管理器栏中单

击 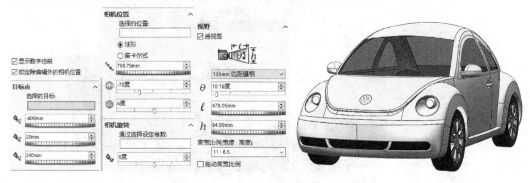"渲染管理"→ "查看布景、光源和相机"标签。右击 选项,在下拉菜单中选择"添加相机"命令。在相机属性栏中选择"135 mm 远距摄像",接着,直接在图形区域使用快捷键调整照相机,也可以参照图 21-142 所示属性栏对相机设置精确的参数,单击 (确定)按钮添加"相机 1"。按下键盘〈空格〉键,切换相机视图。

图 21-142　添加相机

(21) 在前导视图工具栏中单击 "视图设定"管理图标,在弹出选项框中开启"Real-View 图形"和"上色模式中的阴影";单击 "应用布景"管理图标,在弹出选项框中选择"格栅光",如图 21-143 所示。

图 21-143　前导视图

(22) 由于上述汽车的许多细节为分割线,在 PhotoView 360 渲染中不能显示;所以最终渲染以"RealView 图形"工具显示会得到更好的视觉效果。在管理器栏中单击 渲染管理→ (查看布景、光源和相机)标签,双击"背景(梯度)"选项,在属性栏中选择背景类型为"无",单击"偏移至几何体"按钮,如图 21-144 所示,单击 (确定)按钮完成背景编辑。

(23) 单击菜单栏中的"文件"→"另存为"命令,选择保存类型为"JPEG(* . TIF)",单击浮动框下方"选项"按钮,在新的弹出浮动框中修改"DPI"(分辨率)为 200,单击"确定"按钮;取名为"甲壳虫汽车",单击"保存"按钮。用此方法可以快速获得各种视角、不同背景环境的产品效果,如图 21-145 所示。

（24）单击标准工具栏中的 （保存）工具。

图 21-144　编辑背景

图 21-145　不同视角的产品效果

参 考 文 献

［1］成大先.机械设计手册［M］.第六版.北京:化学工业出版社,2016.

［2］贾斯珀·莫里森.产品设计——国际设计丛书［M］.北京:中国建筑工业出版社,2005.

［3］汤志坚,谭嫄嫄,李晓卿.世界经典产品设计［M］.长沙:湖南大学出版社,2010.

［4］王受之.世界现代设计史［M］.第二版.北京:中国青年出版社,2015.

［5］赵罘,杨晓晋,赵楠.SolidWorks 2017中文版机械设计从入门到精通［M］.北京:人民邮电出版社,2017.

［6］珍妮弗·哈德森.国际产品设计与制作工艺——从设计概念到制作工艺的50个项目［M］.第二版.李月恩,译.上海:东华大学出版社,2016.